VDE-Schriftenreihe **152**

D1749592

Diesen Titel zusätzlich als **E-Book** erwerben und 60 % sparen!

Als Käufer dieses Buchs haben Sie Anspruch auf ein besonderes Angebot. Sie können zusätzlich zum gedruckten Werk das E-Book zu 40 % des Normalpreises erwerben.

Zusatznutzen:
– Vollständige Durchsuchbarkeit des Inhalts zur schnellen Recherche.
– Mit Lesezeichen und Links direkt zur gewünschten Information.
– Im PDF-Format überall einsetzbar.

Laden Sie jetzt Ihr persönliches E-Book herunter:
– www.vde-verlag.de/ebook aufrufen.
– **Persönlichen, nur einmal verwendbaren E-Book-Code** eingeben:

404257SP99MKGZ9X

– E-Book zum Warenkorb hinzufügen und zum Vorzugspreis bestellen.

Hinweis: Der E-Book-Code wurde für Sie individuell erzeugt und darf nicht an Dritte weitergegeben werden. Mit Zurückziehung des Buchs wird auch der damit verbundene E-Book-Code ungültig.

Zum Autor

Dipl.-Ing. (TH) **Patrick Gehlen** (Jahrgang 1966) hat an der Universität Liège/Belgien Elektrotechnik studiert und ist seit 1988 bei der Siemens AG tätig, seit 2000 im Applikations- und Produktmanagement mit den Schwerpunkten Funktionale Sicherheit und Maschinensicherheit. Er ist seit vielen Jahren im Unternehmen verantwortlich für die Normungsarbeit zu den Themen Maschinensicherheit, Funktionale Sicherheit und Schutz gegen elektrischen Schlag. Patrick Gehlen ist TÜV-zertifizierter Safety Senior Expert, Mitglied in verschiedenen Industrieverbänden (z. B. ZVEI, VDMA) und deutsches Mitglied in nationalen Spiegelgremien für das DIN Deutsches Institut für Normung und die DKE Deutsche Kommission Elektrotechnik Elektronik und Informationstechnik in DIN und VDE. Er ist als Delegierter in zahlreichen nationalen und internationalen Normungsgremien sowie Arbeitsgruppen tätig.

VDE-Schriftenreihe Normen verständlich **152**

Sicherheitsfibel zur Maschinensicherheit

Funktionale Sicherheit und Sicherheitsfunktionen

Erläuterungen zur DIN EN 62061 (VDE 0113-50):2016-05 und DIN EN ISO 13849-1:2016-06 bei der Verwendung von sicherheitstechnischen Kennwerten auf Basis des VDMA-Einheitsblatts 66413

Dipl.-Ing. (TH) Patrick Gehlen

2., neu bearbeitete und erweiterte Auflage 2016

VDE VERLAG GMBH

ICS 13.110; 29.020; 35.240.50

Auszüge aus DIN-Normen mit VDE-Klassifikation sind für die angemeldete limitierte Auflage wiedergegeben mit Genehmigung 252.016 des DIN Deutsches Institut für Normung e. V. und des VDE Verband der Elektrotechnik Elektronik Informationstechnik e. V. Für weitere Wiedergaben oder Auflagen ist eine gesonderte Genehmigung erforderlich.

Die zusätzlichen Erläuterungen geben die Auffassung der Autoren wieder. Maßgebend für das Anwenden der Normen sind deren Fassungen mit dem neuesten Ausgabedatum, die bei der VDE VERLAG GMBH, Bismarckstr. 33, 10625 Berlin, www.vde-verlag.de, erhältlich sind.

Das Werk ist urheberrechtlich geschützt. Jede Verwertung außerhalb der engen Grenzen des Urheberrechtsgesetzes ist ohne Zustimmung des Verlags unzulässig und strafbar. Die Wiedergabe von Gebrauchsnamen, Handelsnamen, Warenbeschreibungen etc. berechtigt auch ohne besondere Kennzeichnung nicht zu der Annahme, dass solche Namen im Sinne der Markenschutz-Gesetzgebung als frei zu betrachten wären und von jedermann benutzt werden dürfen. Aus der Veröffentlichung kann nicht geschlossen werden, dass die beschriebenen Lösungen frei von gewerblichen Schutzrechten (z. B. Patente, Gebrauchsmuster) sind. Eine Haftung des Verlags für die Richtigkeit und Brauchbarkeit der veröffentlichten Programme, Schaltungen und sonstigen Anordnungen oder Anleitungen sowie für die Richtigkeit des technischen Inhalts des Werks ist ausgeschlossen. Die gesetzlichen und behördlichen Vorschriften sowie die technischen Regeln (z. B. das VDE-Vorschriftenwerk) in ihren jeweils geltenden Fassungen sind unbedingt zu beachten.

Bibliografische Information der Deutschen Nationalbibliothek
Die Deutsche Nationalbibliothek verzeichnet diese Publikation in der Deutschen Nationalbibliografie; detaillierte bibliografische Daten sind im Internet über http://dnb.dnb.de abrufbar.

ISBN 978-3-8007-4257-8 (Buch)
ISBN 978-3-8007-4258-5 (E-Book)
ISSN 0506-6719

© 2016 VDE VERLAG GMBH · Berlin · Offenbach
Bismarckstr. 33, 10625 Berlin

Alle Rechte vorbehalten.

Druck: Medienhaus Plump GmbH, Rheinbreitbach
Printed in Germany   2016-08

Vorwort

Sind unser Aufwand und all die Maßnahmen, die wir „zur Gewährleistung der Funktionalen Sicherheit" heute ergreifen, tatsächlich geeignet, Maschinen sicherer zu machen? Diese Sicherheitsfibel will diese Frage beantworten, mit einer anderen Darstellung und Herangehensweise, die erfolgreiche Sicherheitstechnik besser verständlich und damit einfacher macht.

Warum ist der Umgang mit Sicherheitstechnik eigentlich so schwierig, dass man heute fast von einem angespannten Verhältnis zwischen den geforderten Schutzzielen und deren Umsetzung reden könnte?

Sicherheitstechnik polarisiert und hat in den letzten Jahren zu vielen Diskussionen geführt, dass man fast das Gefühl haben könnte, hier stimmt etwas nicht mehr.

Seit dem Erscheinen der DIN EN 62061 (**VDE 0113-50**) im Jahr 2005 und der DIN EN ISO 13849-1 im Jahr 2006 kenne ich die vielen unstrittigen und strittigen Diskussionen. Das liegt nicht an den Anwendern der Normen, den Maschinenherstellern, sondern es liegt an denen, die der Meinung sind, dass Sicherheitstechnik eine so komplexe und hoch seriöse Thematik sei, dass sie in der Umsetzung alles andere als „einfach" sein dürfte.

Vorwürfe wie „Ballast" oder „unnötige Geldverschwendung", gepaart mit Ratlosigkeit: Das bewegt die Wirtschaft und die Maschinenhersteller. Und auch die Hersteller von sicherheitsgerichteten Komponenten sind zur Zielscheibe vieler Vorwürfe geworden: „Halsabschneider", „je komplizierter desto besser", „sie wollen nur teure Produkte verkaufen".

Ein Wettlauf der Produktdaten ist entstanden, und zum Schluss wurden selbst Schrauben für eine Schutzeinrichtung zum Ziel jener sinnlosen Angriffe, z. B. mit der Frage: „Welchen Performance Level oder Sicherheitsintegritätslevel haben diese denn nun?"

Und weitere merkwürdige Diskussionen entflammten speziell in Deutschland: Ist nicht jedes Gerät, das in einer Sicherheitsfunktion verwendet wird, ein „Sicherheitsbauteil gemäß der Maschinenrichtlinie?"

Sicherheitstechnik ist mit gesundem Menschenverstand nachvollziehbar, niemand muss dafür studiert haben – beileibe nicht.

Die Motivation dieser Sicherheitsfibel ist es, ein komplexes Thema mit klarer und einfacher Sprache zu erklären, und nicht in ungeliebtem Normendeutsch, sondern in der Form, die jeder auch versteht. Sie will helfen mit vielen Missverständnissen aufzuräumen. Und sie will vor allem eines: Wichtiges von Unwichtigem unterscheiden. Aus meiner langjährigen praktischen Beratungstätigkeit heraus und durch meine Mitarbeit in internationalen ISO- und IEC-Gremien möchte ich einfache, in der Praxis bewährte Lösungen und deren Umsetzungen im Zusammenhang mit Funktionaler Sicherheit vorstellen.

Für die Sicherheit von Maschinen müssen die grundlegenden Schutzziele gemäß der Maschinenrichtlinie und der gesunde Menschenverstand im Vordergrund stehen, und nicht z. B. die Daten von irgendwelchen beteiligten Komponenten.

Letztendlich ist nur eines wichtig: Die Maschine soll sicher sein, und kleinere oder gar tödliche Unfälle von Menschen sollen schlichtweg verhindert werden. Das gilt auch für die Funktionale Sicherheit.

Werner von Siemens brachte es schon im Jahr 1880 sehr treffend auf den Punkt: *„Das Verhüten von Unfällen darf nicht als Vorschrift des Gesetzes aufgefasst werden, sondern als ein Gebot menschlicher Verpflichtung und wirtschaftlicher Vernunft!"*

Sichere Maschinen auf dem Markt bereitzustellen ist und bleibt unser Ziel. Alle Normenexperten und Normensetzer müssen sich in der Sprache der Anwender ausdrücken. Nicht die Theoretisierung wird die heutigen Probleme lösen, sondern das Erkennen der realen Bedürfnisse der Industrie bringt uns diesem Ziel wieder etwas näher.

Normen sind wichtig und richtig: Deren Umsetzung hängt maßgeblich von der Akzeptanz ab. Sicherheitstechnik soll kein Buch mit sieben Siegeln sein – Sicherheitstechnik muss Spaß machen.

Erlangen, Juli 2016 *Patrick Gehlen*

Inhalt

Vorwort 5

1	**Grundlegende Sicherheitsanforderungen der Maschinenrichtlinie**	**9**
1.1	Wie war das noch mal mit der Haftung?	9
1.2	Was möchte die europäische Kommission?	10
1.3	Wie geht der Maschinenhersteller damit um?	15
1.4	Die harmonisierten Normen sollen helfen	15
1.5	Die Organisation und das Management – nicht zu unterschätzen	19
1.6	Ohne Risikobeurteilung ist jedes Bemühen sinnlos	19
1.7	Das Ziel vor Augen – die CE-Konformitäts- oder die CE-Einbauerklärung	21
1.8	Nicht vergessen, das CE-Kennzeichen anzubringen, aber wohin damit?	22
1.9	Der Prozess im Überblick	23
1.10	Wesentliche Veränderung	24
2	**Der Begriff Sicherheitsfunktion**	**27**
2.1	Woher kommt der Begriff eigentlich?	27
2.2	Was muss ich berücksichtigen?	29
2.3	Wege aus der Krise	30
2.4	Der Streit um die Grenzen der Sicherheitsfunktion	32
2.5	Was sind keine Sicherheitsfunktionen und werden es auch nie sein?	33
3	**Sicherheitsbauteil und Sicherheitsfunktion**	**38**
3.1	Die Geschichte des Sicherheitsbauteils – was wurde früher dazu gesagt?	38
3.2	Worin liegt der Unterschied zwischen Sicherheitsbauteil und Sicherheitsfunktion?	41
3.3	Was kein Sicherheitsbauteil sein kann, es sei denn, ...	43
3.4	Verantwortlichkeiten – nicht alles, was glänzt und gelb ist, macht auch automatisch sicher	45
4	**Funktionale Sicherheit für Sicherheitsfunktionen**	**48**
4.1	Ist Funktionale Sicherheit etwas Neues?	48
4.2	Warum soll Funktionale Sicherheit dem Anwender helfen?	50
4.3	Was keine Funktionale Sicherheit sein kann – und manchmal doch sein möchte	50
4.4	Daten und Fakten	52

5	**Die Anwendernorm DIN EN 62061 (VDE 0113-50) aus Sicht der Anwender**	**53**
5.1	Welche Norm ist anzuwenden: DIN EN ISO 13849-1 oder DIN EN 62061 (**VDE 0113-50**)?	53
5.2	Plan der funktionalen Sicherheit	55
5.3	Bestimmung des erforderlichen Sicherheitsintegritätslevels SIL	57
5.4	Spezifikation der Anforderungen für sicherheitsbezogene Steuerungsfunktionen	59
5.5	Entwurf des sicherheitsbezogenen elektrischen Steuerungssystems	64
5.6	Bestimmung des erreichten Sicherheitsintegritätslevels	65
5.7	Validierung des Steuerungssystems	67
5.8	Zusammenfassung – Schritt für Schritt	68
6	**Das VDMA-Einheitsblatt**	**70**
6.1	Motivation der Komponentenhersteller und Maschinenhersteller	70
6.2	Warum erst jetzt? – Ein Erklärungsversuch	71
6.3	Geräte-Typen – ohne sie geht nichts mehr heute	71
6.4	Kennwerte auf Basis der Geräte-Typen	75
6.5	Austausch elektronischer Daten für alle lesbar – XML soll helfen	76
6.6	Erläuterungen zu einigen wichtigen Kennwerten	77
7	**Beispiele, die helfen sollen**	**80**
7.1	Architekturen im Überblick	80
7.2	Einkanalig ohne Testung	81
7.3	Zweikanalig mit geringer Testung	82
7.4	Zweikanalig mit hoher Testung	85
8	**Ausblick**	**88**
9	**Terminologie**	**89**
Abkürzungen		**117**
Stichwortverzeichnis		**119**

1 Grundlegende Sicherheitsanforderungen der Maschinenrichtlinie

1.1 Wie war das noch mal mit der Haftung?

Das Prinzip der verschuldensunabhängigen Haftung führt dazu, dass ein Geschädigter (Verwender oder Betreiber einer Maschine) dem *Hersteller* (einer Maschine) – umgangssprachlich *Maschinenhersteller* genannt – nur den Zusammenhang zwischen Fehler und Schaden nachweisen muss.

Das heißt, dass der Hersteller sich nicht damit entlasten kann, alles in „seiner Macht stehende" getan zu haben, um eine fehlerfreie Maschine auf den Markt zu bringen, sondern vielmehr nachweisen muss, dass der zum Zeitpunkt des *Inverkehrbringens* gültige Stand der Wissenschaft und Technik eingehalten wurde.

> **Hinweis**
>
> „Inverkehrbringen" gemäß der New Legislative Framework heißt: „Erstmalige entgeltliche oder unentgeltliche Abgabe eines unter eine Richtlinie fallenden Produkts im Rahmen einer Geschäftstätigkeit für den Vertrieb oder Verbrauch/Verwendung im Gebiet des EWR". Dies betrifft aber auch ein innerbetriebliches Errichten einer Maschine!

Dies kann unter Anwendung von *harmonisierten Normen* (siehe Kapitel 1.4) erreicht werden, deren Einhaltung zwar hilft, haftungsrechtliche Sicherheitsdefizite zu vermeiden (*Vermutungswirkung*), aber keine Begründung für die Befreiung von der Haftung darstellt.

Daher ist der beste Weg zur Vermeidung von Haftungsansprüchen die Verbesserung der Produktsicherheit selbst. Ein Hersteller, der über eine gute „Sicherheitsstrategie" verfügt und diese praktisch anwendet, kann Haftungsansprüche weitgehend verhindern bzw. vermeiden.

Ein zentraler Bestandteil dieser Strategie ist die konsequente Implementierung eines *CE-Konformitätsprozesses* (siehe Kapitel 1.2) und der Aufbau einer normgerechten Dokumentation im Unternehmen, entsprechend den Anforderungen der einschlägigen Richtlinien und Normen. Dadurch können eine widerrechtlich angebrachte *CE-Kennzeichnung* sowie weitreichende Folgen einer Nichtkonformität vermieden werden.

Es liegt letztlich ganz allein in der Hand des Herstellers, seiner Verantwortung gerecht zu werden und die entsprechenden sinnvollen Maßnahmen einzuleiten.

1.2 Was möchte die europäische Kommission?

Maschinen müssen die Anforderungen der anwendbaren europäischen Richtlinien (EG-Richtlinien) erfüllen und mit der CE-Kennzeichnung versehen werden.

Je nach Aufbau, Einsatz und Komplexität der Maschinen müssen deswegen auch die Anforderungen mehrerer Richtlinien erfüllt werden. Diese richten sich, wie in **Bild 1.1** dargestellt, in gleichem Maße an den Hersteller als auch an den Betreiber einer Maschine oder *Anlage*.

Anmerkung: Der umgangssprachliche Begriff „Anlage" findet sich nicht in der Maschinenrichtlinie. In der Praxis werden damit eine Maschine oder mehrere Maschinen im Verbund, also räumlich ausgedehnt, verstanden.

> **Hinweis**
>
> In der Maschinenrichtlinie stellt die „Maschine" ein „Produkt" dar, das in Verkehr gebracht wird. Der Anwendungsbereich der Maschinenrichtlinie umfasst somit eine sehr große Bandbreite von Produkten, so ist z. B. ein Rasenmäher genauso von der Maschinenrichtlinie erfasst wie ein Walzwerk.

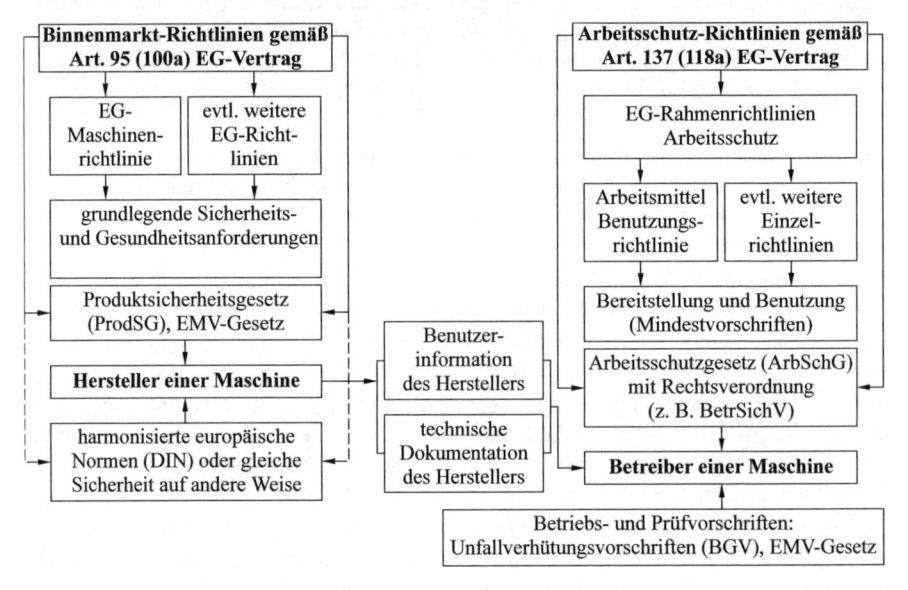

Bild 1.1 Vorschriften und Normen in Europa

Anmerkung

Die Anforderungen an den *Betreiber*, die in der Betriebssicherheitsverordnung definiert sind, müssen vom Betreiber zusätzlich und unabhängig von der hier beschriebenen Vorgehensweise durchgeführt werden.
Der Betreiber kann auch der Maschinenhersteller selbst (Bild 1.1) sein, wenn der Maschinenhersteller innerbetrieblich eine Maschine in Verkehr bringt – also intern errichtet wird.

Tabelle 1.1 zeigt die relevanten Richtlinien und die damit geforderte nationale Umsetzung.

Nr.	Aufgabe	Bewertung		
1	Wie ist das Produkt definiert?	(Art des Produkts, Verwendungszweck, Einsatzbereich, …)		
2	Welcher(n) EG-Richtlinie(n) unterliegt es?	(Anwendungsprüfung; treffen mehrere Richtlinien zu, sind alle zutreffenden zu beachten!)		
Richtlinie		**Nr. der Richtlinie**	**Anwendbar**	
			Ja	Nein
Maschinenrichtlinie		2006/42/EG		
elektromagnetische Verträglichkeit		2014/30/EU		
Niederspannungsrichtlinie		2014/35/EU		
Geräte und Schutzsysteme zur bestimmungsgemäßen Verwendung in explosionsgefährdeten Bereichen		2014/34/EU		
Druckgeräte		2014/68/EU		
einfache Druckbehälter		2014/29/EU		
Outdoor		2000/14/EG		
umweltgerechte Gestaltung energiebetriebener Produkte (Ökodesign)		2005/32/EG		
…				
3	Welche grundlegenden Anforderungen ergeben sich aus der (den) Richtlinie(n)?			

Tabelle 1.1 Relevante Richtlinien und deren nationale Umsetzung

In **Tabelle 1.2** und **Tabelle 1.3** werden einige wichtige Richtlinien aufgelistet, um die Umsetzung und den Anwendungsbereich zu verdeutlichen.

> **Hinweis**
>
> Die Maschinenrichtlinie erlaubt sich, im Grunde andere EG-Richtlinien einzuverleiben. Wie muss man das einordnen?
>
> Es bedeutet letztendlich, dass bei der Umsetzung des „New-Approach"-Konzepts oder Ansatzes der europäischen EG-Richtlinien die Maschinenrichtlinie stellvertretend für Maschinen im Sinne der Sicherstellung der grundlegenden Sicherheitsanforderungen steht: Die Maschine soll schlichtweg nur „sicher" sein.
>
> Dies ist legitim und nachvollziehbar, da jede EG-Richtlinie grundlegende Ziele mit den erforderlichen Sicherheitsanforderungen respektive ihres Anwendungsbereichs festlegt (Niederspannung, EMV, ATEX, …).
>
> Jedoch muss die Maschinenrichtlinie die Maschine in Gänze betrachten und somit dem Maschinenhersteller übergeordnet Vorgaben machen.
>
> Dass dies nicht jedem gefällt, ist aus einem emotionalen Standpunkt nachvollziehbar. Somit ist z. B. die Niederspannungsrichtlinie immer als eine Quasi-Untermenge der Maschinenrichtlinie zu sehen – so schmerzhaft diese Tatsache von manchen Personenkreisen auch manchmal aufgenommen wird. Der Bayer würde sagen „Ober sticht Unter".

Richtlinie	Nr. der Richtlinie	Nationale Umsetzung
Maschinenrichtlinie	2006/42/EG	(A) MSV 2010, (CH) MaschV, (D) ProdSG, 9. ProdSV
Anwendungsbereich		
a)	Maschinen	
b)	auswechselbare Ausrüstungen	
c)	Sicherheitsbauteile	
d)	Lastaufnahmemittel	
e)	Ketten, Seile und Gurte	
f)	abnehmbare Gelenkwellen	
g)	unvollständige Maschinen	
h)	auf Fahrzeugen angebrachte Maschinen	
Ausnahmen		
a)	Sicherheitsbauteile, die als Ersatzteile geliefert werden	
b)	Einrichtungen für die Verwendung auf Jahrmärkten und in Vergnügungsparks	
c)	für nukleare Verwendung konstruierte oder eingesetzte Maschinen	
d)	Waffen und Feuerwaffen	
e)	Beförderungsmittel • land- und forstwirtschaftliche Zugmaschinen, • Kraftfahrzeuge und -anhänger, • Beförderungsmittel für die Beförderung in der Luft, auf dem Wasser und auf Schienennetzen, • ...	
f)	Seeschiffe und bewegliche Offshoreanlagen	
g)	Maschinen für militärische Zwecke oder zur Aufrechterhaltung der öffentlichen Ordnung	
h)	Maschinen für Forschungszwecke und zur vorübergehenden Verwendung in Laboratorien	
i)	Schachtförderanlagen	
j)	Maschinen zur Beförderung von Darstellern	
k)	Haushaltsgeräte, Audio- und Videogeräte, informationstechnische Geräte, gewöhnliche Büromaschinen, Niederspannungsschaltgeräte und -steuergeräte, Elektromotoren	
l)	Schalt- und Steuergeräte, Transformatoren	

Tabelle 1.2 Die Maschinenrichtlinie

Richtlinie	Nr. der Richtlinie	Nationale Umsetzung
Niederspannungsrichtlinie	2014/35/EU	(A) NSpGV, (CH) NEV, EleG, STEG, (D) ProdSG, 1. ProdSV
Anwendungsbereich		
elektrische Betriebsmittel zur Verwendung bei einer Nennspannung zwischen 50 V und 1000 V für Wechselstrom und zwischen 75 V und 1500 V für Gleichstrom		
Ausnahmen		
<ul><li>elektrische Betriebsmittel zur Verwendung in explosiver Atmosphäre, elektro-radiologische Betriebsmittel,</li><li>elektro-medizinische Betriebsmittel, elektrische Teile von Personen- und Lastenaufzügen, Elektrizitätszähler, Haushaltssteckvorrichtungen, Vorrichtungen zur Stromversorgung von elektrischen Weidezäunen, Funkentstörmittel,</li><li>spezielle elektrische Betriebsmittel, die zur Verwendung in Flugzeugen, auf Schiffen oder in Eisenbahnen bestimmt sind</li></ul>		

Richtlinie	Nr. der Richtlinie	Nationale Umsetzung
Elektromagnetische Verträglichkeit	2014/30/EU	(A) EMVV, (CH) VEMV, (D) EMV-Gesetz
Anwendungsbereich		
elektrische und elektronische Apparate, Anlagen und Systeme, die elektrische oder elektronische Bauteile enthalten, elektromagnetische Störungen verursachen können oder deren Betrieb durch diese Störungen beeinträchtigt werden kann		
Ausnahmen		
<ul><li>Funkanlagen und Telekommunikationsendeinrichtungen,</li><li>luftfahrttechnische Erzeugnisse,</li><li>Kraftfahrzeuge,</li><li>Funkgeräte für Funkamateure</li></ul>		

Richtlinie	Nr. der Richtlinie	Nationale Umsetzung
Geräte und Schutzsysteme zur bestimmungsgemäßen Verwendung in explosionsgefährdeten Bereichen („ATEX")	2014/34/EU	(A) BGBl. Nr. 252 (1996); ExSV 1996, (CH) VGSEB, (D) ProdSG, 11. ProdSV
Anwendungsbereich		
Geräte und Schutzsysteme zur bestimmungsgemäßen Verwendung in explosionsgefährdeten Bereichen Fahrzeuge, die in explosionsgefährdeten Bereichen eingesetzt werden		
Ausnahmen		
<ul><li>medizinische Geräte zur bestimmungsgemäßen Verwendung in medizinischen Bereichen,</li><li>Geräte und Schutzsysteme, bei denen die Explosionsgefahr ausschließlich durch die Anwesenheit von Sprengstoffen oder chemisch instabilen Substanzen hervorgerufen wird,</li><li>Geräte, die zur Verwendung in häuslicher und nicht kommerzieller Umgebung vorgesehen sind,</li><li>persönliche Schutzausrüstungen,</li><li>Seeschiffe und bewegliche Offshoreanlagen sowie die Ausrüstungen an Bord dieser Schiffe oder Anlagen,</li><li>Beförderungsmittel, d. h. Fahrzeuge und dazugehörige Anhänger, die ausschließlich für die Beförderung von Personen und Gütern bestimmt sind</li></ul>		

Tabelle 1.3 Die Niederspannungs-, EMV- und ATEX-Richtlinie

1.3 Wie geht der Maschinenhersteller damit um?

Der CE-Konformitätsprozess gemäß dem Produktsicherheitsgesetz (ProdSG), 9. Verordnung in Deutschland (das ist die nationale Umsetzung der Maschinenrichtlinie) lässt sich in mehrere Phasen unterteilen und beschreibt einzelne Tätigkeiten, die vor der CE-Kennzeichnung durchgeführt werden müssen. Der Konstrukteur der Maschine ist verantwortlich und nicht der Lieferant der elektrotechnischen Ausrüstung bzw. Komponenten.

Der folgende Ablauf bietet eine Hilfestellung zur Implementierung des CE-Konformitätsprozesses:

1. Phase: Festlegung der anwendbaren Richtlinien;
2. Phase: Festlegung des Konformitätsbewertungsverfahrens;
3. Phase: Festlegung zutreffender harmonisierter Normen (Teilaspekte);
4. Phase: Sicherstellung, dass die Anforderungen erfüllt werden;
5. Phase: Erstellung der technischen Unterlagen;
6. Phase: Erstellung der Konformitätserklärung oder Einbauerklärung;
7. Phase: Anbringung der CE-Kennzeichnung;
8. Phase: Qualitätssicherung;
9. Phase: Produktbeobachtung sowie Überwachung der Einhaltung von Vorschriften und Normen.

Der CE-Konformitätsprozess betrifft den gesamten Produktlebenszyklus, so wie er in der Maschinenrichtlinie mit dem Begriff „Lebensdauer" definiert wurde.

Anmerkung

In der Maschinenrichtlinie heißt es dazu in Anhang I, 1.1.2. Grundsätze für die Integration der Sicherheit: „Die getroffenen Maßnahmen müssen darauf abzielen, Risiken während der voraussichtlichen *Lebensdauer* der Maschine zu beseitigen, einschließlich der Zeit, in der die Maschine transportiert, montiert, demontiert, außer Betrieb gesetzt und entsorgt wird."

1.4 Die harmonisierten Normen sollen helfen

Die EG-Richtlinien geben nur grundlegende Sicherheits- und Gesundheitsschutzziele vor, aber keine konkreten Hinweise zur Erreichung dieser Ziele. Dieser Ansatz spiegelt sich unter dem Begriff „*New Approach*" wider.

Zur Präzisierung der grundlegenden Anforderungen können zutreffende Normen, und insbesondere für Europa die sogenannten *harmonisierten europäischen Normen*, herangezogen werden.

Von diesen geht dann die sogenannte *Vermutungswirkung* aus, wenn diese zur Konstruktion der Maschine herangezogen werden, dann vermuten die Behörden, dass auch die Anforderungen der EG-Richtlinien erfüllt werden.

Da die Anwendung von Normen nicht gesetzlich vorgeschrieben ist, können die Schutzziele der EG-Richtlinien auch grundsätzlich auf andere Weise erreicht werden. Allerdings muss dabei berücksichtigt werden, dass die harmonisierten europäischen Normen den Stand der Technik widerspiegeln. Im Schadensfall wird der Nachweis der Einhaltung der EG-Richtlinien ohne deren Anwendung schwierig.

Mit anderen Worten: Der einfachste Weg zur Erfüllung der EG-Richtlinien ist die Einhaltung der darunter harmonisierten europäischen Normen. Dadurch nehmen sie einen quasi-gesetzlichen Charakter an.

Wichtiger Hinweis

Ein Produkt (Maschine), das in Europa in Verkehr gebracht (verkauft) wird, muss mit einem CE-Kennzeichen versehen werden. Dieser Zwang, dass für jedes Produkt (Maschine) eine Umsetzung der EG-Richtlinien erforderlich ist, hat weltweiten Einfluss: Andere Länder fordern das gleiche europäische Sicherheitsniveau für Maschinen, obwohl es in diesen Ländern in der Form nicht immer entsprechende Anforderungen gibt.

Das bedeutet auch, dass der Maschinenhersteller keinen Unterschied zwischen einer Maschine, die ins europäische Ausland verkauft wird, und einer Maschine, die in ein nicht-europäisches Land exportiert werden soll, machen darf.

Diese schmerzhafte Erfahrung mussten bereits einige europäische Maschinenhersteller machen, z. B. mit dem Export in die USA.

Je nach Anwendungsbereich werden die harmonisierten europäischen Normen in folgende Gruppen unterteilt:

- Typ-A-Normen: Sicherheitsgrundnormen,
- Typ-B-Normen: Sicherheitsfachgrundnormen,
- Typ-C-Normen: Maschinensicherheitsnormen.

Tabelle 1.4 zeigt Beispiele typischer harmonisierter Normen. Dabei sind:

- Typ-A-Normen (Sicherheitsgrundnormen)
  enthalten Grundbegriffe, Gestaltungsleitsätze und allgemeine Aspekte, die für alle Maschinen, Geräte und Anlagen gelten (z. B. DIN EN ISO 12100);
- Typ-B-Normen (Sicherheitsfachgrundnormen)

behandeln einen Sicherheitsaspekt oder eine Art von sicherheitsbedingten Einrichtungen, die für eine ganze Reihe von Maschinen, Geräten und Anlagen verwendet werden können. Die Typ-B-Normen werden weiter unterteilt in B1- und B2-Normen:
- Typ-B1-Normen beziehen sich auf spezielle Sicherheitsaspekte (z. B. Sicherheitsabstände, Oberflächentemperaturen, Lärm),
- Typ-B2-Normen beziehen sich auf sicherheitsbedingte Einrichtungen (z. B. Zweihandschaltungen, Verriegelungen, Kontaktmatten, trennende Schutzeinrichtungen);
- Typ-C-Normen (Maschinensicherheitsnormen)

  enthalten detaillierte Sicherheitsanforderungen für eine bestimmte Maschine oder Gruppe von Maschinen.

Anmerkung

In einer C-Norm haben die Normensetzer eine Risikobeurteilung für einen bestimmten Maschinentyp vorweggenommen. Nichtsdestotrotz ist die Aufgabe des Herstellers die zutreffenden Normen für die Konstruktion festzulegen. Die Typ-C-Norm ist als Basis für die Durchführung der Risikobeurteilung und die Konstruktion heranzuziehen. Gibt es keine Norm, müssen die zutreffenden Sicherheitsgrund- und Sicherheitsfachgrundnormen (A- und B-Norm) verwendet werden.

Normentyp	Nummer der Norm	Titel der Norm
Typ-A-Norm Sicherheitsgrundnorm	DIN EN ISO 12100	Sicherheit von Maschinen – Risikobeurteilung
Typ-B1-Norm Sicherheitsfachgrundnormen für bestimmte Sicherheitsaspekte	DIN EN 349	Mindestabstände von Körperteilen Sicherheitsabstände untere Gliedmaßen
	DIN EN 60204-1 (**VDE 0113-1**)	Elektrische Ausrüstung von Maschinen
	DIN EN ISO 13849-1	Sicherheitsbezogene Teile von Steuerungen – Teil 1: Allgemeine Gestaltungsleitsätze
	DIN EN 62061 (**VDE 0113-50**)	Funktionale Sicherheit sicherheitsbezogener elektrischer, elektronischer und programmierbarer elektronischer Steuerungssysteme
	DIN EN ISO 13857	Sicherheitsabstände gegen das Erreichen von Gefährdungsbereichen mit den oberen und unteren Gliedmaßen
	DIN EN 13855	Anordnung von Schutzeinrichtungen im Hinblick auf Annäherungsgeschwindigkeiten von Körperteilen

Tabelle 1.4 Beispiele für harmonisierte europäische Normen

Normentyp	Nummer der Norm	Titel der Norm
Typ-B2-Norm Sicherheitsfachgrundnormen für Schutzeinrichtungen	DIN EN ISO 13850	Not-Halt-Einrichtungen
	DIN EN 61496-1	BWS
	DIN EN ISO 13851	Zweihandschaltungen
	DIN EN ISO 14119	Verriegelungseinrichtungen
	DIN EN 953	Trennende Schutzeinrichtungen
	DIN EN 982	Hydraulik
Typ-C-Norm Maschinensicherheitsnormen (nur einige Beispiele von mehr als 600 harmonisierten Normen)	DIN EN 692	Mechanische Pressen
	DIN EN 693	Hydraulische Pressen
	DIN EN 10218	Industrieroboter
	DIN EN 12415	Kleine NC-Drehmaschinen
	DIN EN 12478	Große NC-Drehmaschinen
	DIN EN 201	Spritzgießmaschinen
	DIN EN 11553	Laserbearbeitungsmaschinen

Tabelle 1.4 *(Fortsetzung)* Beispiele für harmonisierte europäische Normen

Durch Anwendung der harmonisierten europäischen Normen ergeben sich aus Sicht des Maschinenherstellers die in **Tabelle 1.5** angeführten grundlegenden Aufgaben.

Nr.	Aufgabe	Bewertung
1	Gibt es einschlägige harmonisierte europäische Normen?	
2	Gibt es nationale Normen oder sonstige Spezifikationen, die neben den „harmonisierten" einschlägig sind?	
3	Gibt es ein Standardlastenheft für das Produkt?	
4	Gibt es ein Standardlastenheft oder eine Qualitätssicherungsvereinbarung für die Lieferanten?	

Tabelle 1.5 Aufgaben zum Thema harmonisierte europäische Normen

> **Hinweis**
>
> Aufgrund einer Normenrecherche kann festgelegt werden, welche harmonisierten Normen für die Konstruktion herangezogen werden müssen, um die Vermutungswirkung zu erreichen. Diese Normen, oder auch einzelne Abschnitte daraus, können in der Risikobeurteilung referenziert und dadurch können die Anforderungen an die Konstruktion/Entwicklung konkretisiert werden.

1.5 Die Organisation und das Management – nicht zu unterschätzen

Die internen Verfahren, Pläne und durchzuführende Prüfungen an der Hardware und Software, die zur Erfüllung der Anforderungen an die Maschine notwendig sind, müssen in der Organisation festgelegt werden. Der Hersteller muss Zuständigkeit, Verantwortung und Befugnisse hinsichtlich CE-Konformität im Unternehmen festlegen und dokumentieren.

Dies betrifft insbesondere:
- Organisation
  - Festlegen der beteiligten Stellen,
  - Festlegen der Verantwortung und Befugnisse,
  - Definition der Schnittstellen;
- Dokumentation, meistens:
  - Erstellung, Prüfung, Freigabe, Verteilung und Archivierung der technischen Unterlagen;
- Änderungsmanagement (Modifikationsverfahren);
- Software (Änderungs- und Konfigurationsmanagement).

1.6 Ohne Risikobeurteilung ist jedes Bemühen sinnlos

Der Maschinenhersteller ist verpflichtet, eine Risikobeurteilung vorzunehmen, um alle mit seiner Maschine verbundenen Gefährdungen zu identifizieren, ihre Risiken einzuschätzen und zu bewerten, und die Maschine unter deren Berücksichtigung zu entwerfen und zu bauen.

Die Durchführung der Risikobeurteilung muss als konstruktionsbegleitender Prozess verstanden und durch Experten verschiedener Fachrichtungen durchgeführt werden.

Risikobeurteilung heißt Teamarbeit und bedarf der Berücksichtigung einer Vielzahl von Aspekten (**Bild 1.2**).

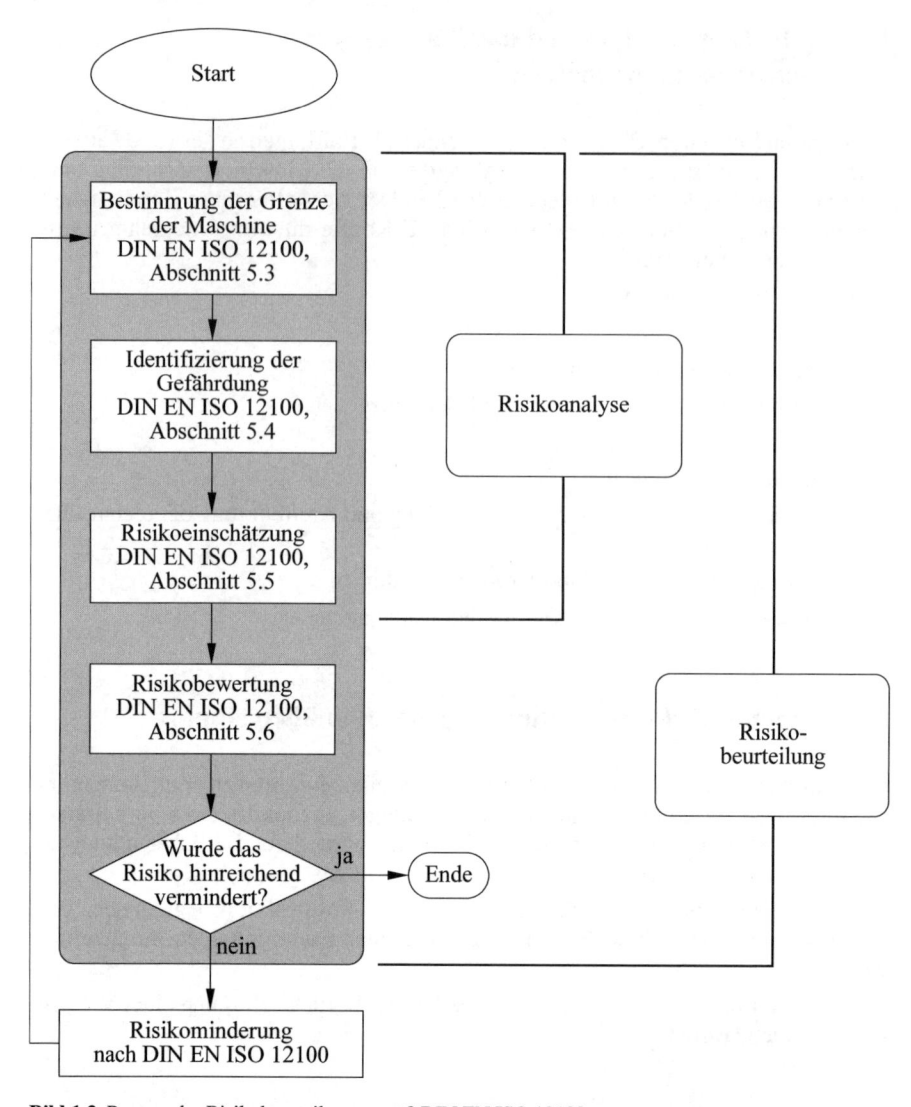

```
                    ┌─────────┐
                    │  Start  │
                    └────┬────┘
                         │
        ┌────────────────▼──────────────────┐
        │  Bestimmung der Grenze            │
        │  der Maschine                     │         ┌──────────────┐
        │  DIN EN ISO 12100,                │         │              │
        │  Abschnitt 5.3                    │         │ Risikoanalyse│
        │          │                        │         │              │
        │  Identifizierung der Gefährdung   │         └──────────────┘
        │  DIN EN ISO 12100, Abschnitt 5.4  │
        │          │                        │
        │  Risikoeinschätzung               │
        │  DIN EN ISO 12100, Abschnitt 5.5  │         ┌──────────────┐
        │          │                        │         │              │
        │  Risikobewertung                  │         │   Risiko-    │
        │  DIN EN ISO 12100, Abschnitt 5.6  │         │  beurteilung │
        │          │                        │         │              │
        │   Wurde das Risiko   ─ ja ─► Ende │         └──────────────┘
        │   hinreichend vermindert?         │
        │          │ nein                   │
        └──────────┼────────────────────────┘
                   │
        ┌──────────▼────────────┐
        │  Risikominderung      │
        │  nach DIN EN ISO 12100│
        └───────────────────────┘
```

Bild 1.2 Prozess der Risikobeurteilung gemäß DIN EN ISO 12100

Von großer Bedeutung hierbei sind auch die Erwägung und die Einbindung von unabhängigen Sachverständigen mit profunder Normenkenntnis und langjähriger Branchenerfahrung, da diese Sicherheitsaspekte aus einem andern Blickwinkel betrachten und so den Herstellern zusätzliche Erkenntnisse verschaffen können.

> **Wichtiger Hinweis**
>
> In den maschinenspezifischen Normen (Typ-C-Norm) ist die Risikobeurteilung für eine **typische** Maschinenkonstruktion bereits Bestandteil der Norm. **Die Anwendung einer Typ-C-Norm entbindet den Hersteller jedoch nicht von der Pflicht, selbst eine Gesamt-Risikobeurteilung durchzuführen.** Dadurch soll verhindert werden, dass Risiken, die durch den Einsatz neuer Technologien und Verfahren entstehen, übersehen werden.

1.7 Das Ziel vor Augen – die CE-Konformitäts- oder die CE-Einbauerklärung

Grundlegende Inhalte der CE-Konformitätserklärung **für Maschinen** sind:
- Firmenbezeichnung, vollständige Anschrift des Herstellers und ggf. seines Bevollmächtigten,
- Name und Anschrift der Person, die bevollmächtigt ist, die technischen Unterlagen zusammenzustellen,
- allgemeine Bezeichnung der Maschine, Funktion, Modell, Typ, Seriennummer und Handelsbezeichnung,
- bei EG-Baumusterprüfung: Name, Anschrift und Kennnummer der benannten Stelle,
- bei Qualitätssicherungssystem nach Anhang X: Name, Anschrift und Kennnummer der benannten Stelle,
- Ort und Datum der Erklärung,
- Angaben zum Aussteller dieser Erklärung sowie Unterschrift dieser Person.

Grundlegende Inhalte der CE-Einbauerklärung **für unvollständige Maschinen** sind:
- Firmenbezeichnung, vollständige Anschrift des Herstellers und ggf. seines Bevollmächtigten,
- Name, Anschrift des Bevollmächtigten zur Zusammenstellung der relevanten technischen Unterlagen,
- allgemeine Bezeichnung der Funktion, Modell, Typ, Seriennummer, Handelsbezeichnung,
- Erklärung, welche grundlegenden Anforderungen dieser Richtlinie zur Anwendung kommen und eingehalten werden,
- Erklärung, dass die technischen Unterlagen gemäß Anhang VII Teil B erstellt wurden, ggf., dass die unvollständige Maschine anderen einschlägigen Richtlinien entspricht,

- Verpflichtung, einzelstaatlichen Stellen auf begründetes Verlangen die speziellen Unterlagen zu der unvollständigen Maschine zu übermitteln,
- Hinweis, die unvollständige Maschine erst dann in Betrieb zu nehmen, wenn die Maschine, in die die unvollständige Maschine eingebaut werden soll, den Bestimmungen dieser Richtlinie entspricht,
- Ort und Datum der Erklärung,
- Angaben zum Aussteller dieser Erklärung sowie Unterschrift dieser Person.

1.8 Nicht vergessen, das CE-Kennzeichen anzubringen, aber wohin damit?

Das CE-Kennzeichen wird gut sichtbar, leserlich und dauerhaft auf dem Produkt oder seinem Typenschild angebracht. Falls die Art des Produkts dies nicht zulässt oder nicht rechtfertigt, wird sie auf der Verpackung und den Begleitunterlagen angebracht, sofern die betreffende Rechtsvorschrift derartige Unterlagen vorschreibt. Das CE-Kennzeichen wird vor dem Inverkehrbringen des Produkts angebracht.

Abhängig von den Anforderungen in den EG-Richtlinien, ist das CE-Kennzeichen mit oder ohne Kennnummer der benannten Stelle zu versehen. Das CE-Kennzeichen besteht aus den Buchstaben „CE" mit dem abgebildeten Schriftbild, wie in **Bild 1.3** dargestellt. Bei einer Verkleinerung oder Vergrößerung des CE-Kennzeichens müssen die sich aus dem abgebildeten Raster ergebenden Proportionen eingehalten werden.

Werden in den einschlägigen Rechtsvorschriften keine genauen Abmessungen angegeben, so gilt für die CE-Kennzeichnung eine Mindesthöhe von 5 mm. Nach dem Produktsicherheitsgesetz ist es nicht zulässig, die CE-Kennzeichnung für Produkte zu verwenden, für die sie nicht durch EG-Richtlinien vorgeschrieben ist.

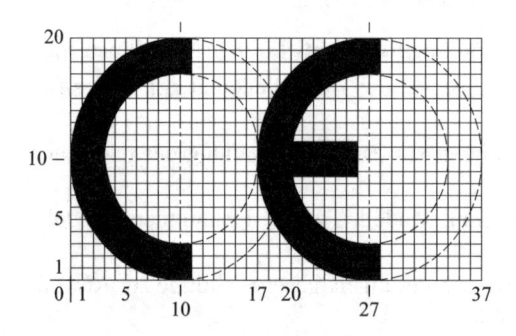

Bild 1.3 Das europäische CE-Kennzeichen

> **Wichtiger Hinweis**
>
> Eine Maschine erhält nach der Maschinenrichtlinie ein einziges CE-Kennzeichen, selbst wenn mehrere EG-Richtlinien zusätzlich berücksichtigt werden mussten! In der Praxis aber wird gerade für die elektrische Ausrüstung – meistens stellvertretend durch einen oder mehrere Schaltschränke – zusätzlich im Schaltschrank ein „CE-Kennzeichen" nach Niederspannungsrichtlinie unsinnigerweise gefordert. Dies basiert vorwiegend auf der Unwissenheit des Gesamtprozesses gemäß der Maschinenrichtlinie – die Sammler-und-Jäger-Psychose. Entscheidend für den Maschinenhersteller ist lediglich eine durchgängige Dokumentation – und nicht das CE-Kennzeichen der elektrischen Ausrüstung für sich allein genommen.

1.9 Der Prozess im Überblick

Das Kapitel 1 lässt sich zusammenfassend wie in **Bild 1.4** gezeigt darstellen.

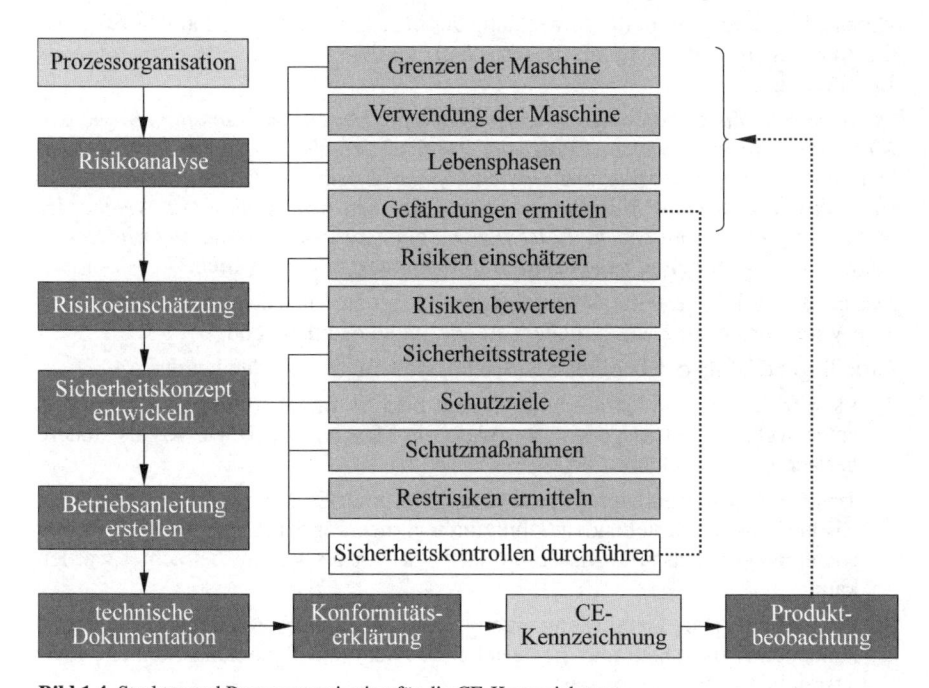

Bild 1.4 Struktur und Prozessorganisation für die CE-Kennzeichnung

1.10 Wesentliche Veränderung

Das Bundesministerium für Arbeit und Soziales (BMAS) hat am 9. April 2015 im Gemeinsamen Ministerialblatt (GMBl. 66 (2015) Nr. 10, S. 183–186) ein Interpretationspapier zu diesem Thema bekannt gegeben (IIIb5-39607-3).

Ein „gebrauchtes" Produkt, das im Vergleich zum ursprünglichen Zustand wesentlich verändert wurde, muss wie ein neues Produkt betrachtet werden. Diese Betrachtung erfolgt auf Basis der Europäischen Interpretation Nr. 2.1 des „Blue Guide" als Leitfaden für die Umsetzung der Produktvorschriften der EU von 2014 (siehe auch http://ec.europa.eu/DocsRoom/documents/4942/attachments/1/translations/de/renditions/native):

„Ein Produkt, an dem nach seiner Inbetriebnahme erhebliche Veränderungen oder Überarbeitungen mit dem Ziel der Modifizierung seiner ursprünglichen Leistung, Verwendung oder Bauart vorgenommen worden sind, die sich wesentlich auf die Einhaltung der Harmonisierungsrechtsvorschriften der Union auswirken, kann als neues Produkt angesehen werden. Dies ist von Fall zu Fall und insbesondere vor dem Hintergrund des Ziels der Rechtsvorschriften und der Art der Produkte im Anwendungsbereich der betreffenden Rechtsvorschrift zu entscheiden."

Gemäß dem Leitfaden für die Anwendung der Maschinenrichtlinie 2006/42/EG muss die Maschinenrichtlinie ebenfalls betrachtet werden. In § 72 steht dazu folgende Erläuterung:

„Darüber hinaus gilt die Maschinenrichtlinie für Maschinen, die auf gebrauchten Maschinen basieren, welche derart tief greifend umgebaut oder überholt worden sind, dass sie als neue Maschinen gelten können. Es stellt sich damit die Frage, ab wann ein Umbau einer Maschine als Bau einer neuen Maschine gilt, welche der Maschinenrichtlinie unterliegt. Es ist nicht möglich, präzise Kriterien zu formulieren, mit denen diese Frage in jedem Einzelfall beantwortet werden kann."

Das im Bild 1.5 dargestellte Ablaufdiagramm zeigt die Entscheidungsschritte, wann eine Veränderung eine wesentliche Veränderung darstellen kann.

Grundlegend können dabei drei Anwendungsfälle unterschieden werden:

1. Es wird keine neue Gefährdung erzeugt oder es findet somit keine Erhöhung eines vorhandenen Risikos statt, sodass die Maschine nach wie vor als sichere betrachtet werden kann.
2. Trotz einer neuen erzeugten Gefährdung oder einer Erhöhung eines vorhandenen Risikos sind die bestehenden Schutzmaßnahmen vor der Änderung noch immer ausreichend, sodass die Maschine nach wie vor als sichere betrachtet werden kann.
3. Es wird eine neue Gefährdung erzeugt oder es findet eine Erhöhung eines vorhandenen Risikos statt und die bestehenden Schutzmaßnahmen sind nicht mehr ausreichend oder angemessen.

Im Fall 1 und 2 sind keine zusätzlichen Schutzmaßnahmen erforderlich. Im Fall 3 müssen die veränderten Maschinen systematisch durch eine Risikobeurteilung bewertet werden, und zwar hinsichtlich der Frage, ob eine wesentliche Veränderung stattgefunden hat.

Dabei spielt der Begriff „einfache Schutzeinrichtung" eine hilfreiche Rolle.

In einer Mitteilung des VDMA, TU-News vom 24. April 2015, wird die Zielsetzung des Begriffs sehr anschaulich beschrieben:

„Im neuen Interpretationspapier wird nicht mehr auf die einfache trennende Schutzeinrichtung abgestellt, sondern auf eine einfache Schutzeinrichtung. Beim Anwender stellt sich jetzt die Frage, was ist mit dieser einfachen Schutzeinrichtung gemeint? Trennende Schutzeinrichtungen wirken im Wesentlichen unabhängig von übrigen Schutzeinrichtungen einer Maschine. Eine trennende Schutzeinrichtung wirkt insbesondere unabhängig von nicht trennenden Schutzeinrichtungen, die weitere Bestandteile des Schutzkonzepts der Maschine sein mögen. Mit der Nutzung einer trennenden Schutzeinrichtung beim Eliminieren neuer oder erhöhter Risiken einer umgebauten Maschine, die nicht vom Schutzkonzept der ursprünglichen Maschine erfasst werden, ist sichergestellt, dass das übrige Schutzkonzept nicht beeinflusst wird.

Aufgrund der technologischen Entwicklung gibt es heute nicht trennende Schutzeinrichtungen, die unabhängig vom übrigen Schutzkonzept einer Maschine wirken. Solche Lösungen werden häufig zur Nachrüstung angeboten. Diese Nachrüstlösungen sind für Betreiber interessant, die auf der Grundlage der Gefährdungsbeurteilung nach dem Arbeitsschutzgesetz Nachrüstbedarf für ihr Arbeitsmittel sehen und mit technischen Maßnahmen reagieren möchten, um das Arbeitsmittel sicherheitstechnisch für den weiteren Einsatz zu ertüchtigen.

Die technologische Entwicklung hat auch Schutzsysteme, insbesondere Steuerungen, hervorgebracht, die modular aufgebaut sind. Durch den modularen Aufbau kann das System jederzeit erweitert werden, um z. B. weitere Sensoren oder Detektionseinrichtungen, wie Lichtschranken oder Scanner, anzubringen. Diese Sensoren überwachen dann neue Gefahrenbereiche, wie sie durch einen Umbau der Maschine entstehen mögen. Eine Erweiterung solcher Schutzsysteme führt eben nicht zu unerwünschten Rückwirkungen auf das bestehende Schutzkonzept der Maschine, die umgebaut werden soll. Deshalb werden auch solche modularen Systeme von nicht trennenden Schutzeinrichtungen als „unabhängig wirkend" im Sinne des neuen Interpretationspapiers zur wesentlichen Veränderung von Maschinen betrachtet."

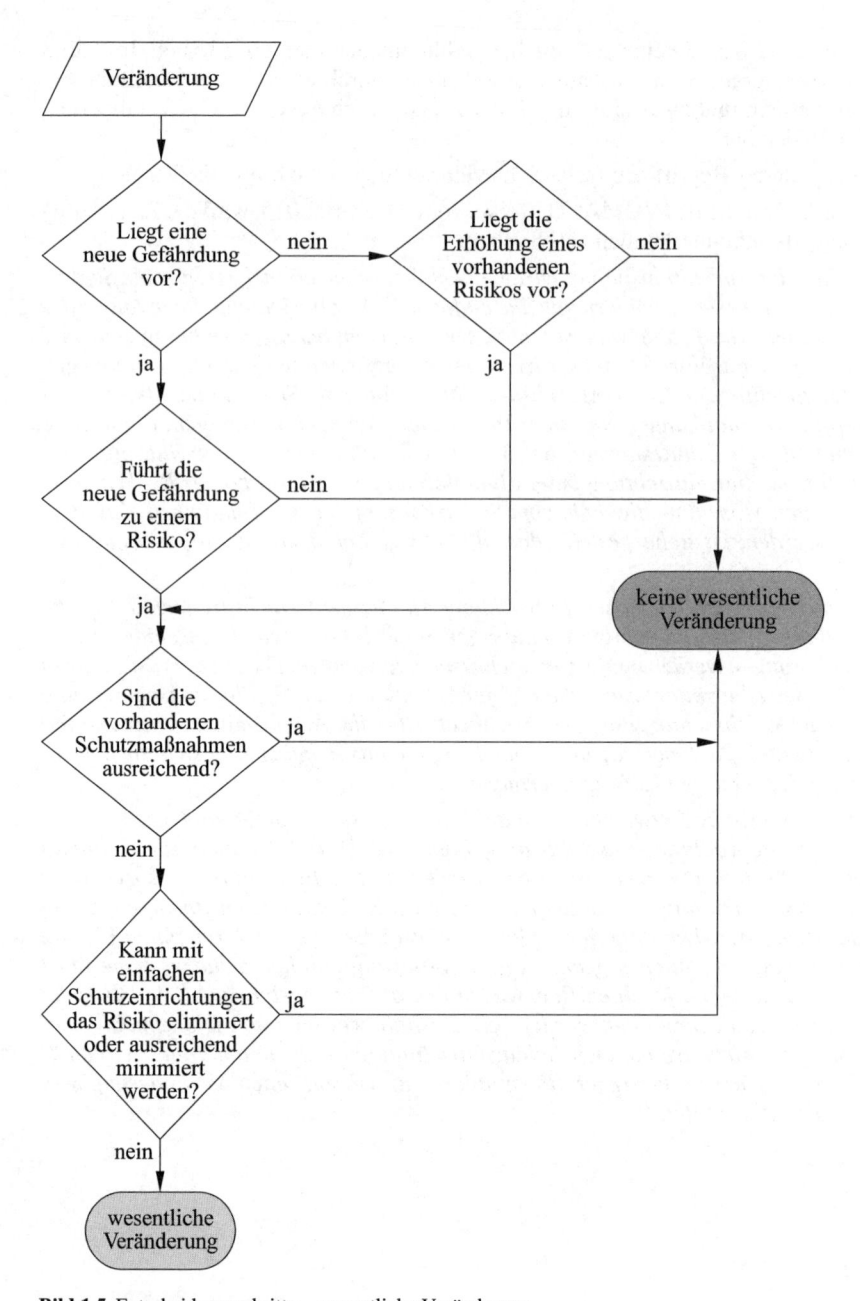

Bild 1.5 Entscheidungsschritte – wesentliche Veränderung

2 Der Begriff Sicherheitsfunktion

An dieser Stelle kommen wir zum Kernproblem aller Diskussionen. Hier scheiden sich anscheinend alle Geister, und hier beginnt das Trauma eines jeden Sicherheitsingenieurs: „Was soll das denn nun, und warum tue ich mir das eigentlich an?"
Oder: „Die Welt der Sicherheitstechnik ist alles – ein Dschungel an Interpretationen und Meinungen, aber sicherlich nicht logisch und strukturiert."
So schlimm ist es nun auch nicht. Wenn wir den originären Begriff Sicherheitsfunktion verinnerlicht und seine Zielsetzung akzeptiert haben, dann verfliegen alle Ängste und Sorgen. Dann macht Sicherheitstechnik auf einmal auch wieder Spaß.
Also lassen Sie mich auf eine etwas andere Art diesen so wichtigen Begriff erklären.

2.1 Woher kommt der Begriff eigentlich?

Die Quelle aller Überlegungen findet sich im Grunde in den *grundlegenden Sicherheitsanforderungen* der Maschinenrichtlinie, vornehmlich im Anhang I.
Leider wird der Begriff erstmals im Zusammenhang mit einem *„Sicherheitsbauteil"* verwendet. Seitens der Verfasser der Maschinenrichtlinie war das ausgesprochen unglücklich formuliert, weswegen ein potenzieller Grad an Verwirrung abzusehen war.
Außerdem wird dieser Begriff selbst in der Maschinenrichtlinie nicht explizit definiert, so wie man es von Normen gewohnt ist. Hier muss nun gesagt werden, dass sich die Maschinenrichtlinie nicht an den Techniker und Praktiker wendet, sondern eine – wie der Name schon vermuten lässt – europäische Richtlinie ist und somit einen juristischen Hintergrund hat. Diese uns sehr fremde Welt benötigt grundsätzlich Interpretationsspielräume – das müssen wir hinnehmen, sonst wären wir ja selber Juristen.
Zu allem Übel wird der Begriff Sicherheitsfunktion in der Maschinenrichtlinie nur noch im Zusammenhang mit dem Begriff Sicherheitsbauteil verwendet, was schlichtweg unsinnig ist.
Und was nun?
Hilfe kommt durch den offiziellen *Leitfaden zur Maschinenrichtlinie!* In § 184 *Sicherheit und Zuverlässigkeit von Steuerungen und Befehlseinrichtungen* werden wir endlich fündig und können dort erste Indizien herauslesen:
„Konstruktion und Bau der Steuerung und Befehlseinrichtung, die einen sicheren und zuverlässigen Maschinenbetrieb gewährleisten, sind entscheidende Faktoren, um die Sicherheit der Maschine als Ganzes zu gewährleisten. Die Bediener müssen gewährleisten können, dass die Maschine jederzeit sicher und erwartungsgemäß funktioniert. Die in Nummer 1.2.1 festgelegten Anforderungen gelten für sämtliche Teile der Steue-

*rung und der Befehlseinrichtung, deren Störung oder Ausfall zu Gefährdungen durch unbeabsichtigtes oder unerwartetes Verhalten der Maschine führen können. Sie sind für Konstruktion und Bau der Bestandteile der **Steuerung und Befehlseinrichtung im Zusammenhang mit Sicherheitsfunktionen** wie beispielsweise Zuhaltungen und Verriegelungseinrichtungen für trennende Schutzeinrichtungen, nichttrennende Schutzeinrichtungen oder Not-Halt-Steuerungen von besonderer Bedeutung, da ein Ausfall sicherheitsrelevanter Bauteile der Steuerung zu Gefahrensituationen führen kann, wenn die entsprechende Sicherheitsfunktion als nächstes aktiviert werden muss. Bestimmte Sicherheitsfunktionen können auch als Betriebsfunktionen ausgeführt sein, beispielsweise Zweihand-Ingangsetzvorrichtungen.* "

Also: Die Sicherheitsfunktion hat irgendetwas mit (Maschinen-)Steuerungen und Gefährdungen und Funktionen zu tun, so wie der Begriff es durch gesunden Menschenverstand auch vermuten lassen würde.

Die erste Hürde ist genommen: Der Begriff macht in einem etwas präzisierten Kontext auch einen praktischen Sinn. Interessant dabei ist, dass die Maschinenrichtlinie selbst diesen Begriff nicht im Anhang I verwendet, sondern erst der Leitfaden als Interpretationshilfe der Maschinenrichtlinie hier den direkten Bezug herstellt – warum nicht gleich so? Es geht doch, wenn man möchte.

Im Leitfaden geht es aber noch weiter – warum auch immer – folgt nun eine detaillierte Empfehlung zum Thema Steuerungen, die dem *New-Approach*-Ansatz widerspricht:

„*Die Möglichkeiten, mit denen diese Anforderung erfüllt wird, sind von der Art der betreffenden Steuerung sowie von den Risiken abhängig, die bei einem Ausfall auftreten können. Hierfür können folgende Konzepte genutzt werden:*

- *Ausschluss oder Verringerung der Wahrscheinlichkeit von Fehlern oder Ausfällen, welche die Sicherheitsfunktion beeinträchtigen könnten; dazu werden besonders zuverlässige Bauteile verwendet und bewährte Sicherheitsgrundsätze praktiziert, beispielsweise das Prinzip des mechanischen Zusammenspiels eines Bauteils mit einem anderen Bauteil;*
- *Verwendung von Standardbauteilen mit Kontrolle der Sicherheitsfunktionen in geeigneten Zeitabständen durch die Steuerung;*
- *redundanter Aufbau der Steuerungsbauteile, sodass ein einzelner Fehler oder Ausfall nicht zu einem Ausfall der Sicherheitsfunktion führt. Die technische Vielfalt der redundanten Bauteile kann ebenfalls zur Vermeidung häufiger Fehlerursachen genutzt werden; …*"

Den Schreibern des Leitfadens müssen wir aber hier unerwarteterweise unser Lob aussprechen, weil der Begriff Sicherheitsfunktion nun endlich mit konkreten physikalischen Komponenten in Verbindung gebracht wird und, was noch wertvoller ist, der Begriff wird mit Wahrscheinlichkeiten und dem Thema „*Ausfall*" verbunden.

„Ausfall": Dieser neu in Erscheinung getretene Begriff wird uns unser Leben lang begleiten – ob beim Lesen der DIN EN ISO 12100 oder bei allen Normen im Umfeld der Funktionalen Sicherheit.

Der Begriff *„Ausfall"* stellt den Schulterschluss mit der Maschinenrichtlinie dar – wir kommen der Sicherheitsfunktion so langsam aber sicher auf die Schliche.

Schauen wir nun in der DIN EN ISO 12100 die Definition des Begriffs Sicherheitsfunktion nach und hoffen auf Durchgängigkeit – schließlich ist die DIN EN ISO 12100 eine harmonisierte Norm unter der Maschinenrichtlinie –, dort steht:

3.30
Sicherheitsfunktion

Funktion einer Maschine, wobei ein Ausfall dieser Funktion zur unmittelbaren Erhöhung des Risikos (der Risiken) führen kann.

So soll es sein – wir wussten es doch schon lange: die Funktion, der Ausfall und das Risiko, all das gemeinsam muss betrachtet werden.

2.2 Was muss ich berücksichtigen?

Alles, was wichtig und sinnvoll erscheint.

Mit diesem Wissen gestärkt müssen wir uns also auf diese drei Aspekte konzentrieren, wenn wir die Sicherheitsfunktion verstehen, entwerfen und realisieren möchten:

- das Risiko,
- die Funktion und
- den Ausfall.

All diese Kriterien sind wichtige Aspekte und ergeben nur gemeinsam einen Sinn. Von Wertigkeit oder Hierarchie darf hier keine Rede sein – nein, vielmehr ist dieses Trio ein demokratisches Sinnbild der Sicherheitsfunktion und hilft uns, der Funktionalen Sicherheit eine Daseinsberechtigung zu geben: quasi eine **Sicherheits-Troika**.

Das Risiko

Es steht für eine Anforderung, resultierend aus den genaueren Betrachtungen aller Risiken der Maschine im Rahmen der Risikobeurteilung der Maschine gemäß der DIN EN ISO 12100. Hiermit soll *eine einzelne risikomindernde Maßnahme* qualitativ erfasst und bewertet werden. Das nennt man Risikoeinschätzung: das Schadensausmaß, also der Schaden, der mir zugefügt werden kann und *die Eintrittswahrscheinlichkeit,* mit der dieses Risiko mir diesen Schaden auch wirklich zufügen könnte. Beispiel: „Ein Roboter oder eine sich bewegende Achse in einem

Bearbeitungszentrum könnte meine Hand ernsthaft verletzen", wenn es keine Sicherheitstechnik geben würde (eine medizinische Behandlung wäre kurzfristig notwendig wegen einer Schürfwunde) – die Einstufung des Schadensausmaßes wäre hier eine „reversible Verletzung, einschließlich schwerer Fleischwunden, Stichwunden und schwerer Quetschungen". In der Funktionalen Sicherheit ist das die Anforderung, die mit den Begriffen „geforderter Performance Level" (PL_r) gemäß der DIN EN ISO 13849-1 oder mit „geforderter Sicherheitsintegritätslevel" gemäß der DIN EN 62061 (**VDE 0113-50**) umschrieben werden.

Die Funktion

Da wir ganz bewusst durch den Prozess der Risikobeurteilung auf einzelne Risiken eingehen müssen, um jedem Risiko erst gar keine Möglichkeit zu geben, dem Menschen auch einen Schaden zufügen zu können, müssen wir detailliert dieses Risiko verstehen und funktional beschreiben: Wenn wir diesem Risiko jede Feindseligkeit entreißen wollen, werden wir also eine risikomindernde Maßnahme in Form einer Funktion beschreiben. Beispiel: Dem Roboter oder der sich bewegenden Achse entziehen wir jede Bewegungsmöglichkeit, sobald wir diesen zu nahe kommen. Ein Lichtvorhang oder eine Schutztür kann hier das auslösende, rettende Moment sein. Somit würden wir sagen: „Wenn ich die Lichtstrahlen des Lichtvorhangs unterbreche oder wenn die Schutztür geöffnet wird, dann sollen alle Bewegungen unmittelbar beendet werden".

Der Ausfall

Da jedes Risiko für sich einen Handlungsbedarf im Entwurf der Maschinen hinsichtlich der Integration der Sicherheitstechnik nach sich zieht, ist es verständlich, dass nicht jede risikomindernde Maßnahme in ihrer Umsetzung die gleiche Qualität aufweisen muss. Die Basis dafür stellt das potenziell zu beherrschende Risiko dar. Würde aber eine Schutzmaßnahme versagen, dann würde man sich diesem Risiko (Ursprungsrisiko) wieder aussetzen. Das heißt, der Ausfall einer Schutzmaßnahme muss auf Basis des zu erwartenden Risikos betrachtet werden, oder anders formuliert: Je höher das Risiko ist, dem ich mich aussetzen könnte (Schadensausmaß und Eintrittswahrscheinlichkeit), desto besser und sicherer müssen meine Maßnahmen sein, sodass ein Ausfall meiner Maßnahmen immer unwahrscheinlicher wird. In diesem Zusammenhang werden wir in der Funktionalen Sicherheit den umgangssprachlichen Begriff „Ausfallwahrscheinlichkeit" verwenden müssen.

2.3 Wege aus der Krise

Es gibt diese Wege – und das ohne sich sonderlich dabei anstrengen zu müssen: der gesunde Menschenverstand und eine Portion Mut.

Grundsätzlich sind Sicherheitsfunktionen besondere Maschinenfunktionen, die wir mit besonderem Augenmerk erkennen und dann definieren müssen. Dabei hilft mir einzig und allein die Fragestellung: „Was tut mir denn wann weh, wenn ich nichts tun würde?"
In der Sprache der Normen sind das die Fragen:
- Welche *Gefahrenstelle* sehe ich als Quelle möglicher Risiken an? (Diese Stellen sind dann potenzielle Gefährdungen, die mit der Systematik Risiko umschrieben und eingeschätzt werden.)
- In welcher *Betriebsart* wird diese Gefahrenstelle zum realen Risiko für den Bediener einer Maschine? (Ist es nur während einer Wartungsarbeit an der Maschine oder ist es ganz normal während der Arbeitsschicht.)
- Wie hoch schätze ich dieses Risiko ein, das ich beherrschen möchte? Welche Anforderung stelle ich an die Sicherheitsfunktion, und welche Komponenten sind daran maßgeblich beteiligt?

Es wird schnell klar, dass eine risikomindernde Maßnahme, die mit einer Sicherheitsfunktion realisiert werden soll, immer einen Auslöser haben wird, eine logische Verarbeitung benötigt, damit zum Schluss auch eine angemessene Reaktion erfolgen kann.

In der Prozessindustrie nennt man das „Cause-Effect"-Matrix: Ein auslösendes Ereignis führt zu einer dedizierten Reaktion.

Bild 2.1, und nur dieses, wird Ihnen helfen, sich nicht zu verirren und alles Mögliche als Sicherheitsfunktion zu definieren. Die Versuchung ist nämlich groß, zum Wohle aller Maschinenbediener alles und nichts zu einer Sicherheitsfunktion zu erheben und zu bewerten – sicher ist nun einmal sicher. Leider machen Sie sich damit keine wirklichen Freunde, weil Sie zu Recht auf Unverständnis stoßen werden, und Sie die Maschine dadurch kein bisschen sicherer machen werden: *Manchmal ist weniger mehr*!

Sicherheitsfunktion =	**Auslöser**	+	**Reaktion**
	(Ursache)		(Wirkung)

Bild 2.1 Aufgabe und Ziel einer Sicherheitsfunktion

In der Welt der Steuerungstechnik benötigt man zur Umsetzung dazu nachfolgende Einheiten:

Sicherheitsfunktion = Eingang + Logik + Ausgang.

Oder etwas allgemeiner dargestellt:

Sicherheitsfunktion = Erfassen + Auswerten + Reagieren.

2.4 Der Streit um die Grenzen der Sicherheitsfunktion

Ein weiterer Begriff sorgt für Unruhe

Die Bankmanager haben die moralischen Grenzen überschritten, die Mauer fiel 1989 in Deutschland, und ich komme auch schon an meine Grenzen. Was sagt uns das? Grenze ist nicht gleich Grenze! Und Sicherheitsfunktion ist nicht gleich Sicherheitsfunktion. Hier liegt das nächste Spannungsfeld im alltäglichen Umgang mit den Sicherheitsfunktionen.

Mit Grenzen sind in der Sicherheitstechnik die räumlichen (also physikalischen) und zeitlichen (wie lange denn nun) gemeint. Nicht mehr und nicht weniger – wie man übrigens in der Risikobeurteilung nach DIN EN ISO 12100 sehr anschaulich nachlesen kann.

Der Begriff Sicherheitsfunktion benötigt erst recht klare Grenzen, ansonsten führen wir diesen Begriff wieder ad absurdum. Und das wollen wir nicht.

Wenn wir auf die ursprüngliche Definition der Sicherheitsfunktion zurückblicken, dann steht immer die Funktion in Verbindung mit einem Risiko im Vordergrund. Das heißt aber auch, dass wir nicht nur auf die Steuerungsfunktion allein schielen dürfen, sondern dass wir die Mechanik genauso im Blick behalten müssen.

Das bedeutet demnach: Alles, was Versagen könnte und mich dem Risiko wieder aussetzen würde, ist Gegenstand meiner Untersuchungen und Recherchen. Ein bisschen schwanger geht hier eben nicht.

Ein plakatives Beispiel: „Wenn ich die Schutztüre öffne, dann soll die Achse X sofort angehalten werden und sich nicht mehr bewegen."

Neben der elektrotechnischen Realisierung, z. B. mit einer Positionserfassung der Schutztür mittels Positionsschalter, einer Auswertung über eine sicherheitsgerichtete Steuerung und einer Reaktion durch einen sicherheitsgerichteten Frequenzumrichter, ist das mechanische Umfeld genauso Teil der gesamten Sicherheitsfunktion, somit auch die Schutztür selber. Diese muss die mechanischen Beanspruchungen aushalten und dafür Sorge tragen, dass meine Positionsschalter während der Lebensdauer (Betriebszeit) der Maschine auch wirklich die Möglichkeit haben, immer dann den Abschaltbefehl zu erzeugen, wenn sie durch den Bediener geöffnet wird.

Wir reden grundsätzlich nicht nur von einer elektrotechnischen Steuerungsfunktion. Parallel dazu betrachten wir das mechanische Umfeld sehr achtsam mit. So erhält die Sicherheitsfunktion ihre eigene räumliche Grenze.

Diese Sichtweise wird Ihnen später dabei helfen, das Thema Sicherheitsbauteil besser zu verstehen, oder vielleicht auch nicht, da uns die Maschinenrichtlinie hier zu schaffen macht.

Umgangssprachlich tun wir oft so, als gäbe es nur die elektrotechnischen Aspekte. Aber in Wirklichkeit meinen wir auch die nichtelektrotechnischen Bedingungen bzw. Gegebenheiten in diesem Zusammenhang.

Wussten Sie, dass es auch Sicherheitsfunktionen gibt, die keine elektrotechnischen Komponenten benötigen, z. B. hydraulische Steuerungen? Heutzutage wird in dem

Aufbau einer Sicherheitsfunktion meistens eine elektronische Steuerung benötigt, sodass eine ausschließlich aus nichtelektrotechnischen Komponenten bestehende Sicherheitsfunktion höchst selten anzutreffen ist.

2.5 Was sind keine Sicherheitsfunktionen und werden es auch nie sein?

In der DIN EN ISO 13894-1 ist eine *nicht selbsterklärende Tabelle* mit Sicherheitsfunktionen hinterlegt, die wir uns etwas genauer anschauen müssen (**Tabelle 2.1** und **Tabelle 2.2**). Aufgrund dieser doch etwas strittigen Tabelle sind in der Vergangenheit zu Recht Diskussionen entstanden.

Sicherheitsfunktion/ Eigenschaft	Anforderung(en)		Für weitere Informationen siehe:
	Dieser Teil der ISO 13849	ISO 12100:2010	
sicherheitsbezogene Stoppfunktion, eingeleitet durch eine Schutzeinrichtung[a]:	5.2.1	3.28.8, 6.2.11.3	IEC 60204-1:2005, 9.2.2, 9.2.5.3, 9.2.5.5 ISO 14119 ISO 13855
manuelle Rückstellfunktion	5.2.2	–	IEC 60204-1:2005, 9.2.5.3, 9.2.5.4
Start-/Wiederanlauffunktion	5.2.3	6.2.11.3, 6.2.11.4	IEC 60204-1:2005, 9.2.1, 9.2.5.1, 9.2.5.2, 9.2.6
lokale Steuerungsfunktion	5.2.4	6.2.11.8, 6.2.11.10	IEC 60204-1:2005, 10.1.5
Mutingfunktion	5.2.5	–	IEC/TS 62046:2008, 5.5
Einrichtung mit selbsttätiger Rückstellung		6.2.11.8 b)	IEC 60204-1:2005, 9.2.6.1
Zustimmfunktion		–	IEC 60204-1:2005, 9.2.6.3, 10.9
Verhindern des unerwarteten Anlaufs		6.2.11.4	ISO 14118 IEC 60204-1:2005, 5.4
Befreiung und Rettung eingeschlossener Personen		6.3.5.3	
Isolations- und Energieableitungsfunktion		6.3.5.4	ISO 14118 IEC 60204-1:2005, 5.3, 6.3.1
Steuerungsfunktion und Betriebsartenwahl	–	6.2.11.8, 6.2.11.10	IEC 60204-1: 2005, 9.2.3, 9.2.4

Tabelle 2.1 Einige Internationale Normen, die auf typische Maschinen-Sicherheitsfunktionen und einige ihrer Eigenschaften anwendbar sind, gemäß DIN EN ISO 13849-1:2016-06, Tabelle 8

Sicherheitsfunktion/ Eigenschaft	Anforderung(en)		Für weitere Informationen siehe:
	Dieser Teil der ISO 13849	ISO 12100:2010	
Beeinflussung zwischen verschiedenen sicherheitsbezogenen Teilen der Steuerungen	–	6.2.11.1 (letzter Satz)	IEC 60204-1:2005, 9.3.4
Überwachung der Parametrisierung der sicherheitsbezogenen Eingangswerte	4.6.4	–	–
Funktion zum Stillsetzen im Notfall[b]	–	6.3.5.2	ISO 13850 IEC 60204-1:2005, 9.2.5.4

[a] Einschließlich verriegelter trennender Schutzeinrichtungen und Grenzwertüberwachung (z. B. Höchstdrehzahl, Übertemperatur, Überdruck).
[b] Ergänzende Schutzmaßnahme, siehe ISO 12100:2010.

Tabelle 2.1 *(Fortsetzung)* Einige Internationale Normen, die auf typische Maschinen-Sicherheitsfunktionen und einige ihrer Eigenschaften anwendbar sind, gemäß DIN EN ISO 13849-1:2016-06, Tabelle 8

Sicherheitsfunktion/ sicherheitsbezogener Parameter	Anforderung		Für weitere Informationen siehe:
	Dieser Teil der ISO 13849	ISO 12100:2010	
Ansprechzeit	5.2.6	–	ISO 13855:2010, 3.2, A.3, A.4
sicherheitsbezogene Parameter, z. B. Geschwindigkeit, Temperatur, Druck	5.2.7	6.2.11.8 e)	IEC 60204-1:2005, 7.1, 9.3.2, 9.3.4
Schwankungen, Verlust und Wiederkehr der Spannungsversorgung	5.2.8	6.2.11.8 e)	IEC 60204-1:2005, 4.3, 7.1, 7.5
Anzeigen und Alarme	–	6.2.8	ISO 7731 ISO 11428 ISO 11429 IEC 61310-1 IEC 60204-1:2005, 10.3, 10.4 IEC 61131 IEC 62061

Tabelle 2.2 Einige Internationale Normen, die Anforderungen für bestimmte Sicherheitsfunktionen und sicherheitsbezogene Parameter geben, gemäß DIN EN ISO 13849-1:2016-06, Tabelle 9

Bei der Identifikation und Spezifikation der Sicherheitsfunktion(en) muss mindestens Folgendes betrachtet werden:

a) Ergebnisse der Risikobeurteilung für jede bestimmte Gefährdung oder Gefährdungssituation;
b) Betriebseigenschaften der Maschine, mit
   - der beabsichtigten Verwendung der Maschine (einschließlich der vernünftigerweise vorhersehbaren Fehlanwendung),
   - den Betriebsarten (z. B. lokale Betriebsart, Automatikbetrieb, Betrieb mit Bezug zu einem Bereich oder Teilen der Maschine),
   - Zykluszeit, und
   - Ansprechzeit;
c) Handlung im Notfall;
d) Beschreibung der Wechselwirkung verschiedener Arbeitsprozesse und manueller Aktionen (Reparatur, Einrichten, Reinigung, Fehlersuche, usw.);
e) dem Verhalten der Maschine, welches durch eine Sicherheitsfunktion zu erreichen oder zu verhindern ist;
f) das Verhalten der Maschine bei Energieverlust (siehe auch 5.2.8);

Anmerkung: In einigen Fällen kann es notwendig sein, das Verhalten der Maschine bei Energieverlust zu berücksichtigen, wenn es beispielsweise notwendig ist, eine vertikale Achse zu halten, um ein Absenken durch Schwerkraft zu verhindern. Das kann zwei getrennte Sicherheitsfunktionen erfordern: mit Energie verfügbar und ohne Energie verfügbar.

g) Bedingung(en) (z. B. Betriebsart) der Maschine, in der sie aktiv oder gesperrt ist;
h) der Häufigkeit der Betätigung;
i) Priorität derjenigen Funktionen, die gleichzeitig aktiv sein können und dadurch zu Konflikten führen.

Was sticht offensichtlich heraus? Was fällt Ihnen auf?

Die DIN EN 60204-1 (**VDE 0113-1**) wird hier überdurchschnittlich referenziert. Diese Norm wird grundsätzlich immer für die Auslegung und Realisierung der elektrischen Ausrüstung einer Maschine benötigt. Und sie hat erst einmal mit der Begrifflichkeit Sicherheitsfunktion vornehmlich überhaupt nichts zu tun. Auch wenn in dieser Spalte der Tabelle 2.1 die Überschrift „Weitere Normen" steht, so stellt sich die nächste Frage, wie man aus dem Blickwinkel der Definition einer Sicherheitsfunktion diese Tabelle zu verstehen hat. Folgende Funktionen könnten, mit wohlwollendem Willen, einer entsprechenden Funktionalität einer Sicherheitsfunktion zugeordnet werden:

- Stoppfunktion (z. B. Stillsetzen einer Gefahr bringenden Bewegung),
- manuelle Rückstellung (z. B. Quittieren und Verhindern eines unerwarteten Wiederanlaufs),

- Start und Wiederanlauf (der „Start" widerspricht dem Ruhestromprinzip und diese Funktion kann verwirrend sein, es sei denn, ein „unerwarteter Start" ist damit gemeint),
  - Handsteuerung (z. B. Zustimmtaster),
  - Muting (z. B. bei Lichtvorhängen),
  - unerwarteter Anlauf (z. B. nach einer Stoppfunktion sicherstellen, dass eine Abschaltung aufrechterhalten wird, bis eine bewusste Handlung seitens des Bedieners erfolgt).

Alle anderen sind de facto höchstens im Umfeld einer Sicherheitsfunktion zu sehen – ohne aber für sich allein den Anspruch zu erheben, eine Sicherheitsfunktion sein zu können: zum Beispiel manuelles Aufheben von Sicherheitsfunktionen, Schwankungen, Verlust und Wiederkehr der Energie, elektrische Ausrüstung, elektrische Versorgung, ...

Die Botschaft, dass eine „Not-Halt-Funktion (eine „ergänzende Funktion", siehe auch dazu DIN EN ISO 12100:2011)" zu einer Sicherheitsfunktion erhoben wird, ist ebenfalls grenzwertig, aber auch nachvollziehbar.

Die Absicht der Normensetzer (also derjenigen, die eine Norm aktiv mitgestalten und schreiben), dass die Funktion des Not-Halt eine garantierte Qualität haben und ähnlich wie Sicherheitsfunktionen definiert und realisiert werden sollte, ist absolut richtig und wichtig – zumal in der Praxis die bestehenden Komponenten zur logischen Auswertung und Reaktion auch für die Not-Halt-Funktion genutzt werden. Ja, eine Not-Halt-Funktion, unabhängig von allen anderen Sicherheitsfunktionen realisiert, wäre sicherlich ideal – aber Aufwand (Kosten) und Nutzen bestimmen unser Leben.

Im Kerngedanken ist die Not-Halt-Funktion – streng genommen – eine ergänzende Schutzmaßnahme, die deshalb auch den Titel „ergänzende Sicherheitsfunktion" tragen könnte. Die Maschinenrichtlinie (siehe dort Anhang I, 1.2.4.3. Stillsetzen im Notfall) verlangt zu Recht, dass jede Maschine mindestens eine Not-Halt-Funktion haben muss. Eine risikomindernde Maßnahme im Sinne einer Sicherheitsfunktion kann dieser Not-Halt aber niemals sein, weil die Not-Halt-Funktion für ein nicht vorhersehbares Risiko (respektive eine Gefährdung, z. B. das zu bearbeitende Material) benötigt wird: Denn wenn das Risiko bekannt wäre, dann könnten konstruktive Maßnahmen ergriffen werden oder aber es würden neue Sicherheitsfunktionen entstehen. Das passiert jedoch so nicht.

> **Hinweis**
>
> Jede Maschine muss immer für sich allein ohne eine Not-Halt-Funktion sicher sein. Die Maschinenrichtlinie fordert, dass ein Not-Halt vorhanden sein muss. Dies ist bewusst so gewollt: Ein unvorhersehbares Ereignis kann immer auftreten, z. B. das zu bearbeitende Material verursacht eine Gefährdung, deshalb soll der Bediener für diesen Fall eine vorrangige Möglichkeit des Stillsetzens der Maschine haben.

Die Analyse der Tabelle 2.1 zeigt auf, wie schwierig die Definition der Sicherheitsfunktionen einer Maschine sein kann und warum an dieser Stelle in der Praxis so viele Grundsatzdiskussionen entstehen.

Wie vorher beschrieben, müssen Sie sich von solchen Betrachtungen lösen und auf den ursprünglichen Gedanken der Sicherheitsfunktion zurückziehen.

Nur dann haben Sie eine Chance, die Spreu vom Weizen zu trennen. Ansonsten geraten Sie in einen Strudel, der dann zu den absurdesten Betrachtungen führt – wie, dass eine einfache Startfunktion der Maschine zu einer Sicherheitsfunktion deklariert wird und dadurch jede betriebliche Maschinenfunktion auf einmal auch zu einer Sicherheitsfunktion mutiert.

Ich wünsche Ihnen viel Spaß dabei – die Zahl Ihrer Feinde wird gerade schamlos zunehmen.

Die Hersteller von sicherheitsgerichteten Komponenten wären dem sicherlich nicht abgeneigt – der Sicherheitstechnik tut dies aber nicht wirklich gut, bzw. bei der Farbe Gelb werden alle Maschinenhersteller eine Aversion entwickeln, die nicht förderlich für dieses so wichtige Thema sein kann.

Weniger ist also mehr, „less is more".

3 Sicherheitsbauteil und Sicherheitsfunktion

3.1 Die Geschichte des Sicherheitsbauteils – was wurde früher dazu gesagt?

Die Richtlinie 93/68/EWG (*also die erste europäische Maschinenrichtlinie*) wurde durch die Neunte Verordnung zum Gerätesicherheitsgesetz (Maschinenverordnung – 9. GSGV) vom 12. Mai 1993 (BGBl. I 1993, S. 704), zuletzt geändert durch die Zweite Verordnung zur Änderung von Verordnungen zum Gerätesicherheitsgesetz vom 28. September 1995 (BGBl. I 1995, S. 1 213), in deutsches Recht umgesetzt.

Nach einigen Recherchen konnte ich ein sehr interessantes Dokument finden. Die Bundesanstalt für Arbeitsschutz und Arbeitsmedizin, Dortmund hatte bereits 1999 eine *Amtliche Mitteilung als Sonderausgabe 10 „Anwendung der Maschinenrichtlinie – Fragen und Antworten"* veröffentlicht.

Die Antworten zu den gestellten Fragen sind zwar nicht rechtsverbindlich (so muss eine Behörde das formulieren), jedoch lassen sie uns tief in die Seele der Maschinenrichtlinie blicken und sie zeigen uns auch, wie bereits damals, vor fast 15 Jahren, ein teils ratloses Anwenderpublikum der Richtlinie um Hilfe gerufen hatte. Versuchen wir hier einige Antworten auf unsere Fragen zu suchen, warum es denn überhaupt den Begriff Sicherheitsbauteil gibt und wie wir dieses Bauteil in Bezug zu einer Sicherheitsfunktion sehen können.

Die Antwort der Frage F.77, Seite 29 in vorgenanntem Dokument möchte ich zuerst gerne hier zitieren (**Bild 3.1**).

F.77 Sicherheitsbauteile

Zu diesem Punkt gibt es zahlreiche unterschiedliche Fragen, die sich teilweise auf die allgemeine Begriffsbestimmung, teilweise auf einzelne Bauteile beziehen.
A.77 Hier der Versuch einer ersten Synthese:
1. Grundbegriffe
1.1 „Einzeln in Verkehr gebrachte Sicherheitsbauteile" wurden vor allem deshalb in den Anwendungsbereich der Richtlinie aufgenommen, um den **Maschinenbenutzern***, die zur Erhöhung der Sicherheit verpflichtet sind (Richtlinie 89/655/ EWG) und bei der Wahl der Bauteile im allgemeinen über weniger Fachkompetenz verfügen als der Maschinenkonstrukteur, ein zuverlässiges Hilfsmittel an die Hand zu geben. Mit Ausnahme der in Anhang IV genannten Bauteile erklärt der Bauteilehersteller, ob es sich um ein Sicherheitsbauteil im Sinne der Richtlinie handelt (10. Erwägungspunkt), und liefert er Informationen über dessen Funktion.*

1.2 Im Leitfaden für die nach dem neuen Konzept verfaßten Richtlinie wird das „Inverkehrbringen" als „erstmalige entgeltliche oder unentgeltliche Bereitstellung eines unter die Richtlinie fallenden Produktes auf dem Gemeinschaftsmarkt für den Vertrieb und/oder die Benutzung im Gebiet der Gemeinschaft" definiert. Diese Bereitstellung umfaßt die Überlassung eines Produktes, d. h. der Hersteller (bzw. sein in der Gemeinschaft niedergelassener Bevollmächtigter) übereignen oder übergeben das Produkt:

– *demjenigen, der es auf dem Markt vertreibt,*
– *dem Endbenutzer (privater oder gewerblicher Abnehmer).*

1.3 Das Sicherheitsbauteil muß eine vollständige gebrauchsfertige Einheit sein, die unmittelbar in eine Maschine eingebaut werden kann und nach ihrem Einbau Sicherheitsfunktionen übernimmt. Laut der Richtlinie führen Ausfall oder Fehlfunktion eines Sicherheitsbauteiles zu einer Gefährdung „der Sicherheit oder der Gesundheit der Personen im Wirkbereich der Maschine". Da bei zahlreichen Sicherheitsbauteilen ein Ausfall jedoch keine Gefährdung der Personen im Wirkbereich der Maschine zur Folge („Fail-safe"-Prinzip) hat, ist die Formulierung der Richtlinie dahingehend zu verstehen, daß ein Ausfall oder eine Fehlfunktion die Sicherheitsfunktionen der Maschine gefährden.

Bild 3.1 Auszug 1 aus der Sonderausgabe 10 der Bundesanstalt für Arbeitsschutz und Arbeitsmedizin aus dem Jahre 1999

Der „Versuch einer ersten Synthese" lässt Schlimmes vermuten, ist aber wohl eher so zu verstehen, dass es der Komplexität des Themas geschuldet ist. Das nehmen wir so an und freuen uns über die beiden Aussagen in dem abgebildeten Auszug (Bild 3.1) dieses gelungenen Papiers – den Autoren muss ich an dieser Stelle ein Lob aussprechen.

Erste wichtige Aussage:
„Der Bauteilehersteller erklärt, ob es sich um ein Sicherheitsbauteil im Sinne der Richtlinie handelt."

Mit welchem Recht also dürfen Berater oder Veranstalter auf irgendwelchen Großveranstaltungen darüber diskutieren, was ein Sicherheitsbauteil ist oder auch nicht? Der Hersteller eines solchen Bauteils ist doch hier gefordert! Das hat keiner bis dato gesagt.

Er entscheidet, was er wann wem verkaufen oder anbieten möchte – also Inverkehrbringen, gemäß der Sprache der Maschinenrichtlinie.

Sollten Sie ein Maschinenhersteller sein, dann fragen Sie doch einfach den Komponentenlieferanten Ihres Vertrauens und reden ganz offen mit ihm über die Chancen und Risiken. Sie werden keine feindliche Gegenwehr erleben, sondern, im Gegenteil, diesbezüglich wird ein fruchtbares Gespräch entstehen.

Zweite, fast noch wichtigere Aussage:
„Das Sicherheitsbauteil muss eine vollständige gebrauchsfertige Einheit sein, die unmittelbar in eine Maschine eingebaut werden kann und nach ihrem Einbau Sicherheitsfunktionen übernimmt."

Jetzt sind die Fronten klar – wir haben es schriftlich, trotz Behördensprache auch noch verständlich nachvollziehbar und mit bestechender Logik formuliert!

Worüber diskutieren wir also noch? Eigentlich über nichts mehr.

Wer diesen Fakt noch immer nicht akzeptieren möchte, der darf gerne mit der deutschen Bundesanstalt oder anderen Vertretern weiter darüber philosophieren. Aber bitte nicht mehr mit der Industrie – genug ist genug.

Es gibt wirklich wichtigere Dinge zu besprechen und zu klären, damit die Maschinen sicher bleiben und die grundlegenden Sicherheitsanforderungen der Maschinenrichtlinie auch zukünftig umgesetzt werden.

Anmerkung

Auch wenn sich diese Sonderausgabe 10 des Bundesministeriums auf die 1. Maschinenrichtlinie bezieht, so sind diese Aussagen für die aktuelle 2. Maschinenrichtlinie genauso gültig – der Ursprungsgedanke hat sich nicht geändert, und im aktuellen Leitfaden zur Maschinenrichtlinie finden sich inhaltliche vergleichbare Erläuterungen.

3.2 Worin liegt der Unterschied zwischen Sicherheitsbauteil und Sicherheitsfunktion?

Die Bundesanstalt für Arbeitsschutz und Arbeitsmedizin beantwortet größtenteils auf sehr praktische Weise diese doch sehr ernst zu nehmende Frage (siehe **Bild 3.2**).

1.5 Von CEN wurde eine Arbeitsgruppe (TGSC) ins Leben gerufen, deren Aufgabe die Klärung des Normungsbedarfs ist. Zur Erfüllung der in Anhang I der Richtlinie Punkt 1.1.2 Buchstabe b) zweiter Gedankenstrich genannten grundlegenden Anforderung schlägt diese Arbeitsgruppe vor, die Normen sollten ausgewählte Bauteile umfassen, die entsprechend der Definition unter Punkt 3.13.1 der Norm EN 292-1 eine direkte Sicherheitsfunktion abdecken:

„*Direkt wirkende Sicherheitsfunktionen*

Diejenigen Funktionen einer Maschine, deren Fehlfunktion unmittelbar das Risiko einer Verletzung oder Gesundheitsschädigung erhöhen würde.

Es gibt zwei Kategorien direkt wirkender Sicherheitsfunktionen:

a) Spezifische Sicherheitsfunktionen, d. h. Sicherheitsfunktionen, die ausdrücklich auf das Sicherheitsziel ausgerichtet sind.

Beispiele:

– *Funktion, die unbeabsichtigtes/unerwartetes Anlaufen verhindert (Verriegelung in Verbindung mit einer trennenden Schutzeinrichtung),*
– *Funktion, die die Wiederholung eines Arbeitszyklus verhindert,*
– *Zweihandschaltungsfunktion,*
– *usw.*

b) Sicherheitsbedingte Funktionen, d. h. direktwirkende Sicherheitsfunktionen einer Maschine, die keine spezifischen Sicherheitsfunktionen sind.

Beispiele:

– *Handsteuerung eines gefährlichen Mechanismus während der Einrichtphasen, wobei die Schutzeinrichtungen umgangen worden sind,*
– *Steuerung der Geschwindigkeit oder Temperatur, die die Maschine innerhalb sicherer Betriebsgrenzen hält.*"

Bild 3.2 Auszug 2 aus der Sonderausgabe 10 der Bundesanstalt für Arbeitsschutz und Arbeitsmedizin aus dem Jahre 1999

Wie aus diesen Beschreibungen ersichtlich wird, ist ein Sicherheitsbauteil ein Mittel, um eine dedizierte Sicherheitsfunktion zu übernehmen.

Wichtiger Hinweis

Mit dem Sicherheitsbauteil muss gleichzeitig die Sicherheitsfunktion, für die dieses Sicherheitsbauteil ins Leben gerufen wurde, bekannt sein. Beide gehören zusammen und sind untrennbar miteinander verheiratet! Das eine macht ohne das andere keinen Sinn.

Jetzt müssen wir nur noch über die Grenzen eines Sicherheitsbauteils reden, das eine Sicherheitsfunktion übernehmen soll.

Wie wir vorher eindeutig in Kapitel 2.4 festgestellt haben, wird mit dem Begriff Sicherheitsfunktion auch die räumliche Grenze (beteiligte und erforderliche Komponenten, inkl. der Mechanik) unerlässlicherweise definiert.

Somit muss für ein Sicherheitsbauteil, als vollständige gebrauchsfertige Einheit (siehe Kapitel 3.1), die gesamte physikalische Wirkung als Sicherheitsfunktion betrachtet werden.

Ferner finden wir in der Sonderausgabe 10 folgende Beispiele (**Bild 3.3**):

---

2. Folgen

2.1 Ein Zerstäubungssystem einer Oberflächenbehandlungsanlage ist somit kein Sicherheitsbauteil, da bei Beseitigung des Systems die Funktion der Maschine außer Kraft gesetzt wird.

2.2 Als Sicherheitsbauteile anzusehen sind hingegen:
- *Notabschaltungsvorrichtungen,*
- *Schutzeinrichtungen nach Anhang I Punkt 1.4,*
- *Schutzeinrichtungen nach Anhang I Punkt 1.4.3,*
- *Sicherheitsgurte nach Punkt 3.2.2,*
- *Lastenkontrollvorrichtung nach Punkt 4.2.1.4,*
- *Totmannschalter nach Punkt 5.5,*
- *Absturzvorrichtung nach Punkt 6.4.1,*
- *usw.*

2.3 Weniger eindeutig ist die Sachlage bei Bauteilen, die nicht einzig und allein für Sicherheitsfunktionen ausgelegt sind, d. h.:
- *Tür- oder Gehäuseriegel,*
- *Hubbegrenzer,*
- *die in Punkt 4.1.2.2 genannten Vorrichtungen zum Schutz vor Entgleisen,*
- *usw.*

Es ist der Hersteller des Bauteils, der den Bauteilen eine Sicherheitsfunktion zuweist.

Bild 3.3 Auszug 3 aus der Sonderausgabe 10 der Bundesanstalt für Arbeitsschutz und Arbeitsmedizin aus dem Jahr 1999

Was fällt uns hier auf?

Die Beispiele sind leider nicht mehr so recht verständlich – im Gegensatz zu den bisher gemachten klaren Aussagen in der Sonderausgabe des Bundesministeriums. Wenn wir uns die nicht erschöpfende Liste der aktuellen Maschinenrichtlinie Anhang V genauer anschauen, dann finden wir dort die gleiche verwirrende Situation vor: Es werden sowohl vollständige gebrauchsfertige Einheiten aufgezählt als auch abstrakte Beschreibungen wie „Logikeinheiten zur Gewährleistung der Sicherheitsfunktionen".

Hinweis

Historisch gesehen waren damit die Zweihandschaltungen gemeint, die erstmals in Verbindung mit einer Zweihand-Logik mit elektronischen Komponenten realisiert und für gefährliche Pressenfunktionen verwendet wurden. Gleiches gilt für „Schutzeinrichtungen zur Personendetektion"; gemeint waren hier die berührungslos wirkenden Schutzeinrichtungen, z. B. Lichtvorhänge oder Laserscanner, einschließlich der Abschaltkontakte, die direkt (beispielsweise einen Motor) abschalten können.

An dieser Stelle möchte ich an die Schreiber der Maschinenrichtlinie appellieren, dass bei einer Überarbeitung der Maschinenrichtlinie Folgendes berücksichtigt werden sollte:
- eine Verbesserung der Definition des Sicherheitsbauteils (mit klarerer Zielsetzung),
- eine Definition der Sicherheitsfunktion sowie eine Abgrenzung (oder auch nicht) zu dem Sicherheitsbauteil.

Die Hoffnung stirbt zuletzt. Wir werden also sehen.

3.3 Was kein Sicherheitsbauteil sein kann, es sei denn, ...

Der Schaltschrank

Ich weiß nicht so recht, wie ich diese Thematik einzuordnen habe. Als mich die Diskussion über den Schaltschrank und das Sicherheitsbauteil erreichte, habe ich verwundert die Frage gestellt: Warum kommt jemand auf einen möglichen Zusammenhang? Warum wird dieser Zusammenhang überhaupt in irgendwelchen öffentlichen Veranstaltungen zum Thema gemacht?

Ehrlich gesagt: Ich habe keine schlüssige Antwort gefunden – außer emotionale Beweggründe.

Und doch steht diese Diskussion im Raum und – meiner ganz persönlichen Meinung nach schadet diese nur der ursprünglichen Zielsetzung des Sicherheitsbauteils, die durchaus sinnig ist.

Die öffentlich geführte Diskussion basiert vornehmlich auf dem Versuch, über die Definition eines Sicherheitsbauteils den Schaltschrank damit in Verbindung zu bringen: Wenn ein Sicherheitsbauteil in einem Schaltschrank eingebaut wird, dann kann dieser Schaltschrank je nach Konstellation zu einem Sicherheitsbauteil mutieren: Das Sicherheitsbauteil vereinnahmt einen Schaltschrank, der für sich nur die Aufgabe hat, das Sicherheitsbauteil vor der rauen Wirklichkeit zu schützen (Umhüllung).

Für diese originäre Aufgabe wird der Schaltschrank nun bestraft, und ihm werden die Anforderungen an ein Sicherheitsbauteil übergestülpt. Dass der Schaltschrank nach wie vor gemäß den Anforderungen der Niederspannungsrichtlinie gebaut, geprüft und CE-gekennzeichnet wird, wird dabei völlig ignoriert. Dass möglicherweise Anforderungen einer Maschinenrichtlinie hier keinerlei technische Verbesserung bringen, wird genauso verschwiegen.

Daher stelle ich eine einfache Gegenfrage: Wenn die Umgebung eines Sicherheitsbauteils selber zu einem Sicherheitsbauteil erklärt wird, dann wird doch jede Maschine, die nur ein einziges Sicherheitsbauteil beheimatet, ebenfalls zum Sicherheitsbauteil?

Beispiel: Man stelle sich eine Schutzeinrichtung zur Personendetektion (z. B. Lichtvorhang) vor, die an die Maschine angebaut wurde; diese wird nun durch eine mechanische Einrichtung geschützt, die Teil der Maschinenkonstruktion ist; wird jetzt diese Konstruktion auch zum Sicherheitsbauteil? Sicherlich nicht!

Kurz gefragt: Eine Umhüllung von einem Sicherheitsbauteil kann doch nicht selber deshalb automatisch zum Sicherheitsbauteil werden? Mir fehlen hier einfach die Worte und das Einfühlvermögen. Bitte verzeihen Sie diese praktische und realistische Sichtweise.

Und doch kann es eine Ausnahme geben: wenn ein Hersteller eines Sicherheitsbauteils den Schaltschrank als Teil seines Sicherheitsbauteils definiert und diese gesamte Einheit so in Verkehr bringen möchte. Dann ist dies aber die bewusste Entscheidung des Herstellers und auch sicherlich im Sinne der Richtlinie.

Wenn aber ein Hersteller eines Sicherheitsbauteils sein Sicherheitsbauteil in Verkehr bringt und der Verwender dieses Sicherheitsbauteil in einen Schaltschrank einbaut, dann obliegt es dem Verwender zu entscheiden, wie er die Schutzziele der Niederspannungs- und der Maschinenrichtlinie erreicht. Dafür muss er aber sicherlich nicht den Schaltschrank zum Sicherheitsbauteil erklären – das interessiert den Verwender der Maschine wenig. Der hat ganz andere Probleme, als sich mit so einer theoretischen Diskussion zu beschäftigen, die zudem noch nicht einmal einen Mehrwert an Sicherheit bringt.

Im Sinne der Schutzziele der Maschinenrichtlinie wäre eine Kennzeichnung in Form eines aussagekräftigen Symbols weitaus sinnvoller als eine derart befremdende Diskussion:

Damit könnte dem Anwender oder Verwender der elektrischen Ausrüstung signalisiert werden, dass in einem Schaltschrank sicherheitsrelevante Komponenten vorhanden sind, egal welcher Natur – also mit oder ohne Sicherheitsbauteil.

Es ist Vorsicht hier geboten: Dieser Schaltschrank darf nur von entsprechend geschultem Personal geöffnet werden, also „Sicherheits-Fachkräften".

> **Anmerkung**
>
> Die DGUV-Vorschrift 3 (§ 3, Abs. 1) „Elektrische Anlagen und Betriebsmittel" legt grundsätzlich fest, wer Arbeiten an elektrischen Anlagen und Betriebsmitteln durchführen darf. Gemeint sind hier z. B. Elektrofachkräfte und elektrotechnisch unterwiesene Personen.
>
> Diese DGUV-Vorschrift löst bisherige BGV A3 „Unfallverhütungsvorschrift Elektrische Anlagen und Betriebsmittel" ab.

Der nachfolgende Vorschlag eines Symbols in **Bild 3.4** würde dieses Problem proaktiv und sinnvoll lösen: Gemeint sind hier nicht die Sicherheitsbauteile allein im Sinne der Maschinenrichtlinie, sondern alle sicherheitsrelevanten Teile.

Safety-related Part(s) inside ─ gelb

Safety Integrated

enthält sicherheitsrelevante Teile

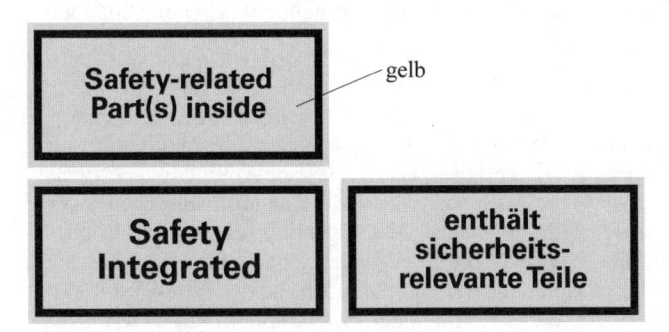

Bild 3.4 Vorschläge oder Varianten zur Kennzeichnung eines Schaltschranks mit Sicherheitstechnik, basierend auf IEC 60073

Dieser Vorschlag basiert auf IEC 60073, Abschnitt 4.2.2, Tabelle 3.

Übrigens: Ein Sicherheitsbauteil ist normalerweise als solches optisch nicht zu erkennen, es hebt sich nicht von anderen Bauteilen ab.

3.4 Verantwortlichkeiten – nicht alles, was glänzt und gelb ist, macht auch automatisch sicher

Wer glaubt, mit dem Kauf eines Sicherheitsbauteils seine Maschine automatisch sicher gemacht zu haben, der kann ein böses Erwachen erleben. Das Sicherheitsbauteil wird nämlich wie eine Maschine betrachtet. Das bedeutet, dass der Verwender eines Sicherheitsbauteils sich mit der Betriebsanleitung genauestens auseinandersetzen muss und für die Integration in seine Maschine allein verantwortlich ist! So ist das im Leben.

> **Hinweis**
>
> Der Inverkehrbringer eines Sicherheitsbauteils haftet nicht für die korrekte Verwendung seines Sicherheitsbauteils in einer Maschine. Die Haftung des Herstellers endet mit der zugesicherten Funktionalität des Sicherheitsbauteils und mit den in der Betriebsanleitung beschriebenen Einbauhinweisen und erforderlichen Umgebungsbedingungen. Für die korrekte Verwendung des Sicherheitsbauteils in der Maschine ist der Verwender (in der Regel der Maschinenhersteller) zuständig.

Die Verantwortlichkeit wird umso deutlicher, wenn wir z. B. ein Sicherheitsbauteil betrachten, das eine Parametrierung oder gar Programmierung benötigt, um für die Applikation des Maschinenherstellers korrekt verwendet werden zu können. Beispiel: Eine berührungslos wirkende Schutzeinrichtung, wie der Laserscanner, benötigt ein Schutzfeld und ggf. ein Warnfeld, abgestimmt auf die zu überwachende Umgebung.

> **Wichtiger Hinweis**
>
> Der Hersteller des Sicherheitsbauteils liefert die entsprechende Software-Umgebung (also Möglichkeiten), mit der der Maschinenhersteller eine Parametrierung oder eine Programmierung des Sicherheitsbauteils auf seine Applikation bezogen vornehmen kann. Erst wenn der Maschinenhersteller eine Parametrierung oder eine Programmierung durchgeführt hat, ist das Sicherheitsbauteil bereit, eine Sicherheitsfunktion zu übernehmen – für diese Fähigkeit haftet der Hersteller des Sicherheitsbauteils. Der Maschinenhersteller haftet für die eigentlichen Inhalte mittels der durchgeführten Parametrierung oder Programmierung.

Bietet dann ein Sicherheitsbauteil einen Vorteil? Vielleicht. Aber in der Regel nicht wirklich, da z. B. elektronische Sicherheitsbauteile, unabhängig von der Diskussion „Sicherheitsbauteil ja oder nein?", die Anforderungen der relevanten harmonisierten Normen der Maschinenrichtlinie erfüllen.

Ob sich mit dem Begriff „Sicherheitsbauteil" der Hersteller einer Komponente oder eines Bauteils zum Zeitpunkt des Inverkehrbringens von anderen Herstellern differenzieren oder (qualitativ) hervorheben kann, ist fraglich – dahinter verbirgt sich wahrscheinlich eher ein Geschäftsmodell des Herstellers, um die Sicherheitstechnik salonfähiger und attraktiver zu machen.

> **Vorsicht**
>
> Tatsache ist aber auch, dass eine große Gefahr darin besteht, dass der Käufer eines Sicherheitsbauteils blind der zugesicherten Funktionalität vertraut und nicht mehr die Anforderungen aus der Betriebsanleitung beachtet, und somit sogar das Gegenteil erreicht wird: Das Sicherheitsbauteil wird nicht korrekt verwendet! Die Maschine wird unsicher.

Diese Fälle gibt es bereits heute nachweislich und zeigen einen gefährlichen Trend: blindes Vertrauen.

Die Verantwortlichkeiten sind in **Bild 3.5** schematisch dargestellt.

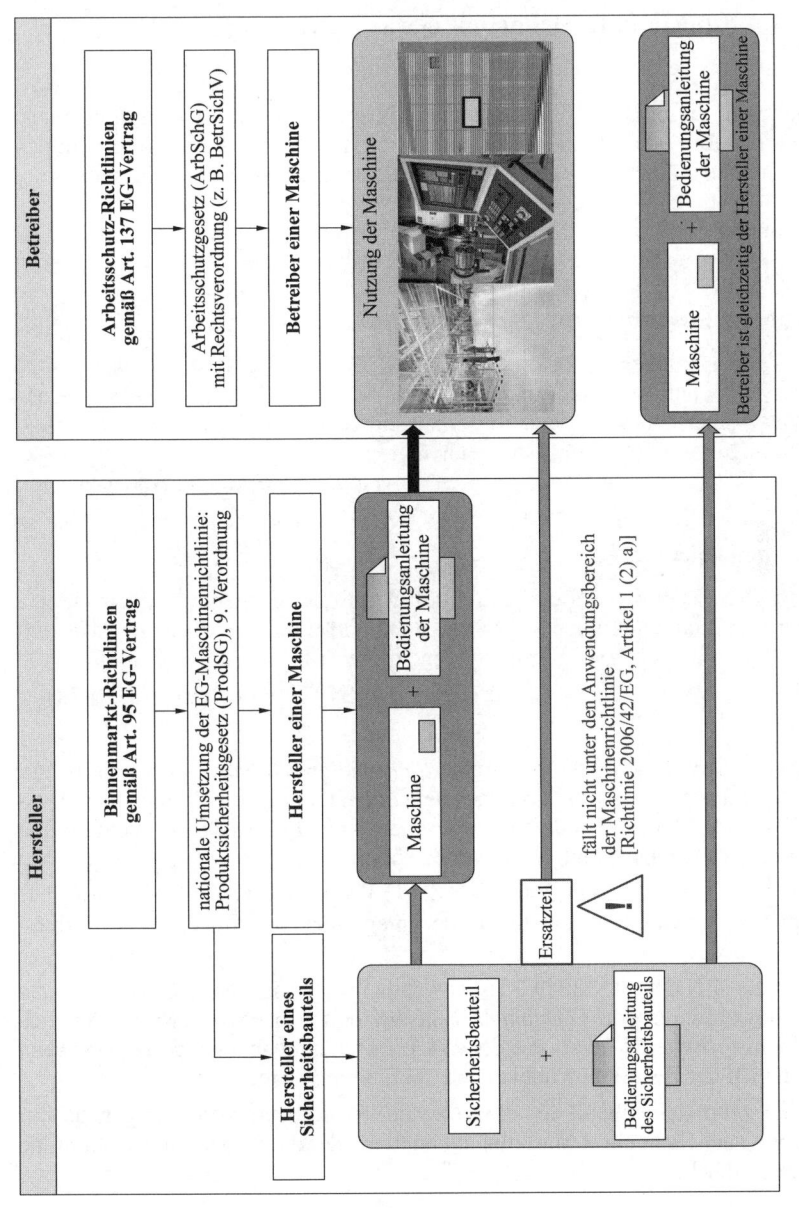

Bild 3.5 Verantwortlichkeiten und Sicherheitsbauteil

4 Funktionale Sicherheit für Sicherheitsfunktionen

4.1 Ist Funktionale Sicherheit etwas Neues?

Nein

Und doch wird dieser Begriff immer wieder als neu und bedrohlich empfunden, so als würde das Rad neu erfunden werden, und es ist modern, diesen Begriff in den Mund zu nehmen. Nachteil: Es hört sich sehr deutsch an und ist kein Fremdwort.

Der Ursprung

> **3.1.9**
> **Funktionale Sicherheit (en: functional safety)**
> Teil der Gesamtsicherheit, bezogen auf die EUC und das EUC-Leit- oder Steuerungssystem, die von der korrekten Funktion des E/E/PE-sicherheitsbezogenen Systems, sicherheitsbezogenen Systemen anderer Technologie und externer Einrichtungen zur Risikominderung abhängt.
> [DIN EN 61508-4 (**VDE 0803-4**)]
>
> **3.2.9**
> **Funktionale Sicherheit**
> Teil der Sicherheit der Maschine und des Maschinen-Steuerungssystems, der von der korrekten Funktion des SRECS, sicherheitsbezogener Systeme anderer Technologien und externer Einrichtungen zur Risikominderung abhängt.
> [DIN EN 62061 (**VDE 0113-50**)]

Die DIN EN 61508 (**VDE 0803**) ist eine *Sicherheitsgrundnorm*, d. h., sie ist zur Verwendung durch technische Komitees bei der Erstellung von Normen nach IEC-Guide 104 und ISO/IEC-Guide 51 vorgesehen. Die IEC 61508 ist ebenfalls zur Verwendung als eigenständige Norm vorgesehen.

Dagegen stellt die DIN EN 62061 (**VDE 0113-50**) eine Anwendungsnorm dar: Zielgruppe ist der Maschinenhersteller oder Integrator – der Anwender als Endverbraucher sozusagen.

Ebenso ist die DIN EN ISO 13849-1 als Anwendungsnorm in diesem Zusammenhang zu sehen, obwohl der Begriff *Funktionale Sicherheit* dort nicht erwähnt wird, vermutlich wegen der historischen Wurzeln der EN 954-1. Es hätte ihr aber gut gestanden, wenn sie den Begriff der IEC-Welt wohlwollend übernommen hätte.

In **Bild 4.1** zeigt sich anhand des Prozesses der Risikobeurteilung der genaue Zusammenhang aus Sicht eines Maschinenherstellers, der die Sicherheit der Maschine sicherstellen möchte.

Die Motivation der Funktionalen Sicherheit ist letztendlich die Elektroniktechnologie gewesen, die in den 1980er-Jahren massiv im industriellen Vormarsch war.

Die Systematik ist jedoch technologieunabhängig und orientiert sich letztendlich an den Bedürfnissen der Sicherheitsfunktionen: Die Funktionale Sicherheit reiht sich in eine logische Analyse der Risiken mit der Definition von Sicherheitsfunktionen ein. Sie ist die Umsetzung der Sicherheitsfunktionen, bezogen auf *steuerungstechnische Maßnahmen*; ob das nun einfachste Hardware-Verdrahtungen sind (z. B. Schützsicherheitskombinationen), oder aber umfangreichere elektronische Lösungen mit Steuerungen (SPS) oder sonstige Technologien.

Ziel ist es, auf Basis der geforderten Sicherheitsfunktionen einer Maschine, also definierte „Ursache-Wirkungs-Ketten", eine qualitative und quantitative Bewertung zu erhalten.

Dabei wird der gesamte Prozess in den Vordergrund gestellt (Management der Funktionalen Sicherheit): von der Anforderung über den Entwurf hin bis zur endgültigen Validierung.

Nur so macht auch Sicherheit einen Sinn: Sicherheitsfunktionen mithilfe der Funktionalen Sicherheit gezielt umsetzen.

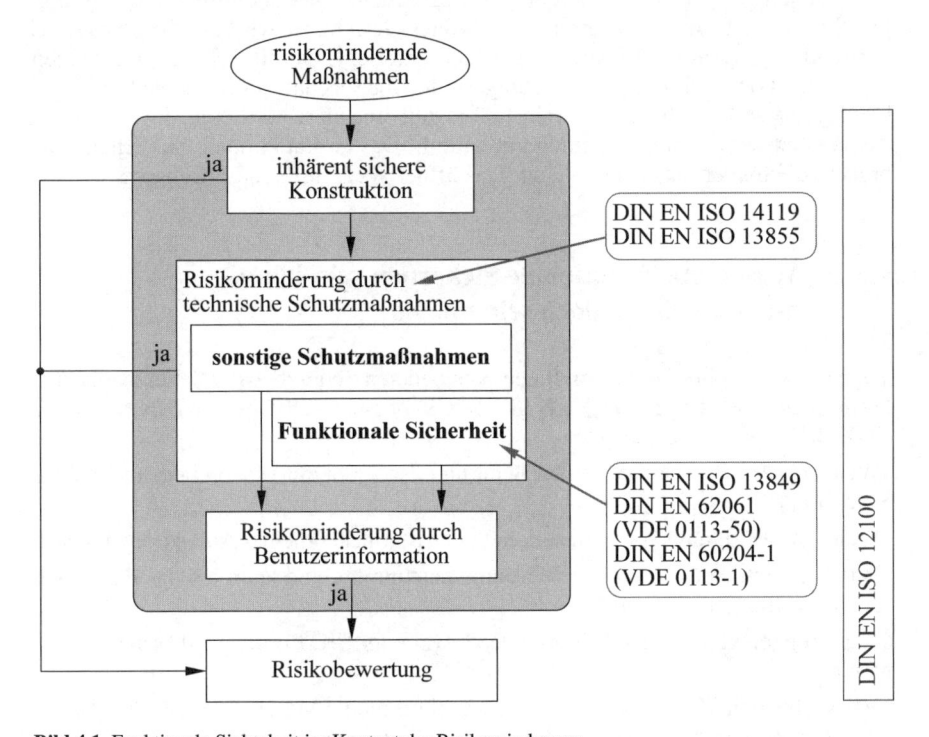

Bild 4.1 Funktionale Sicherheit im Kontext der Risikominderung

Erkennbar ist, dass die Funktionale Sicherheit nur eine Untermenge im Gesamtprozess der Risikominderung darstellt. Zum Glück, denn es gibt noch mehr zu tun. Funktionale Sicherheit ist ein Baustein von vielen, der die Maschine sicher machen soll.

4.2 Warum soll Funktionale Sicherheit dem Anwender helfen?

Ja, kann sie das überhaupt?

Wenn ich die Reaktion mancher Menschen sehe, dann habe ich meine Zweifel: Der Überbringer der schlechten Nachrichten wird nicht gerade geliebt. Im Gegenteil. Wenn dadurch auch noch Schwächen im System aufgedeckt werden, ja dann wird es recht ungemütlich.

Das passiert derzeit in anschaulicher Weise: „Wir haben noch nie Probleme gehabt, unsere Maschinen waren schon immer sicher, was soll das also? Und überhaupt, was soll das Ganze bringen?"

Viel. Diejenigen, die sich darauf eingelassen haben, schlafen mittlerweile sehr gut. Die Sicherheitstechnik bekommt ein konkretes Gesicht, sie wird greifbar, lückenlos nachvollziehbar und mit Daten und Fakten unterlegt. Ob diese Daten und Fakten immer zu 100 % richtig sind, sei dahingestellt. Aber bis dato gab es keine Werte, die beruhigend wirkten. Jetzt gibt es sie, und es gibt eine klare Methodik, die sich zuerst fremd, aber zum Schluss ziemlich gut anfühlt. Das ist Funktionale Sicherheit. Das braucht die Sicherheitstechnik. Und: Das öffnet Wege für neue Lösungen.

4.3 Was keine Funktionale Sicherheit sein kann – und manchmal doch sein möchte

„Geben Sie mir bitte für die von Ihnen verwendeten Schrauben der Schutzhaube den Performance Level gemäß DIN EN ISO 13849-1 bzw. den SIL gemäß DIN EN 62061 (**VDE 0113-50**)? Danke."

„Welchen $MTTF_D$ kann ich für das Scharnier der Schutztüre annehmen, und welche Kategorie?"

„Welchen Betätigungszyklus muss ich für den Starttaster meiner Anlage annehmen?"

„Wie kann ich den SIL meiner Maschine bestimmen, und kann ich das dann auch für die Wartung annehmen?"

„Warum geben Sie keinen Performance Level oder SIL für die elektrischen Klemmen an?"

„Muss ich einen SIL oder Performance Level für meine Maschine ermitteln, obwohl keine Gefahr von der Maschine durch die Steuerung ausgeht?"

„Warum benötige ich überhaupt ab einer Kategorie 3 eine Diagnose, wenn ich doch zwei Schütze habe? Das muss doch besser als nur ein einziges Schütz sein?"

„Wenn ich ein Ventil zweikanalig ansteuere, dann habe ich doch Kategorie 3 erreicht? So haben wir das schon immer gemacht."

Und so weiter, und so weiter …

Nicht, dass ich Sie als Leser bloßstellen möchte, nichts liegt mir ferner: Diese Art von Fragen gibt es, und Sie haben diese in der einen oder anderen Form schon selber einmal gehört.

Hüten wir uns alle vor der Annahme, dass Funktionale Sicherheit die Welt der Sicherheitstechnik erobert und das Allheilmittel meiner Probleme ist.

> **Hinweis**
>
> Die Funktionale Sicherheit darf immer nur – und das nur ausschließlich – mit einer Sicherheitsfunktion in Verbindung gebracht werden. Wenn diese Sicherheitsfunktion eindeutig definiert wurde, dann ist die Funktionale Sicherheit nur für diese *steuerungstechnischen Maßnahmen* zuständig!

Beispiel: Wenn eine Schutztür verwendet wird, die beim Öffnen einen Positionsschalter betätigt und dann irgendetwas elektrisch abschalten soll, dann enden aus Sicht der Funktionalen Sicherheit die Betrachtungen bei dem Positionsschalter. Die Schutztür und die entsprechende Mechanik sind Teil einer „systematischen Betrachtung" und interessieren die Funktionale Sicherheit im Sinne von Performance Level oder SIL herzlich wenig: Passen die verwendeten mechanischen Komponenten, damit diese Schutztüre, auch ohne Positionsschalter überwacht, ihre grundlegende Funktion unter den Umweltbedingungen und Betätigungskräften des Maschinenbetreibers wahrnimmt? Stellt die Schutztüre als eigenständiges Teil der gesamten Schutzmaßnahme sicher, dass der Abschaltbefehl durch den Positionsschalter immer erzeugt werden kann? Das sind die richtigen Fragen.

Das entdeckte Bedürfnis nach Daten und Fakten ist unverkennbar – aber leider nicht wirklich sinnvoll.

Hilft es jemanden, wenn er Ausfallwahrscheinlichkeiten auf Komponenten anwenden möchte, die mit der ganzen Geschichte nichts zu tun haben: Würden Sie bei Ihrem Fahrradhändler nach der PS-Zahl fragen (heute kW), dem CO_2-Ausstoß oder gar dem Bremsweg? Wohl kaum.

4.4 Daten und Fakten

Woher kommt die Datenflut?

Einerseits lieben Ingenieure, Techniker, Entwickler, ... Daten und somit auch Fakten, weil diese so greifbar und verbindlich erscheinen. Sie geben Sicherheit, ein gutes Gefühl – weg vom emotionalen Engineering hin zu den harten Tatsachen.

Anderseits wollen die Hersteller von Komponenten die Bedürfnisse der Kunden befriedigen und ihre Ehrlichkeit und Aufgeschlossenheit damit äußern, Vertrauen erwecken. Eben einfach zu viel des Guten tun. Auch das ist nachvollziehbar und menschlich.

Aber manchmal ist es auch einfache Unwissenheit, die einen antreibt: Die „Lieber-zu-viel-als-zu-wenig"-Mentalität. Und keiner traut sich, dem zu widersprechen.

Eine Mischung aus allem wird wohl die aktuelle Fehlentwicklung erklären. Vielleicht auch die simple Angst, etwas falsch zu machen. So scheint es mir heute zumindest.

> Tatsache ist: Es gibt zu viele Daten und Fakten im Dunstkreis der Funktionalen Sicherheit. Tatsache ist: Weniger ist oft mehr, wenn man weiß, warum Daten benötigt werden. Und Tatsache ist: Es ist nicht zu spät. Das VDMA-Einheitsblatt ist ein Beispiel, das jedem Anwender und Hersteller zeigt, was wichtig und unwichtig ist und Mut macht. Dieses Einheitsblatt wird langfristig der Datenflut Einhalt gebieten.

Wie schütze ich mich davor?

Durch Selbstbewusstsein – gestärkt durch das Wissen des VDMA-Einheitsblatts.

Die Kernfrage der Funktionalen Sicherheit ist immer: Welche Sicherheitsfunktion und welche daraus resultierenden Komponenten muss ich betrachten?

Danach benötige ich Daten, die mir helfen, dieses Gebilde zu entwerfen, zu bewerten und anschließend zu validieren. Aufgabe erledigt. Nächste Sicherheitsfunktion.

Mit dieser Gewissheit und den im VDMA-Einheitsblatt beschriebenen Geräte-Typen schaffen Sie es, mit dem erforderlichen Aufwand an notwendigen Daten umzugehen und wichtig von unwichtig zu unterscheiden.

Nehmen Sie die Geräte-Typen des VDMA-Einheitsblatts her und fragen Sie sich: Was brauche ich sonst noch für Informationen? Keine wird Ihre Antwort sein.

Bevor wir aber in die Geräte-Typen des VDMA-Einheitsblatts betrachten, möchte ich gerne die DIN EN 62061 (**VDE 0113-50**) und auch ein bisschen die DIN EN ISO 13849-1 aus Anwendersicht kurz beschreiben.

Danach ergibt sich von selbst, was in dem VDMA-Einheitsblatt mit den Geräte-Typen beschrieben wurde.

5 Die Anwendernorm DIN EN 62061 (VDE 0113-50) aus Sicht der Anwender

Sicherheit von Maschinen – Funktionale Sicherheit sicherheitsbezogener elektrischer, elektronischer und programmierbarer elektronischer Steuerungssysteme.

5.1 Welche Norm ist anzuwenden: DIN EN ISO 13849-1 oder DIN EN 62061 (VDE 0113-50)?

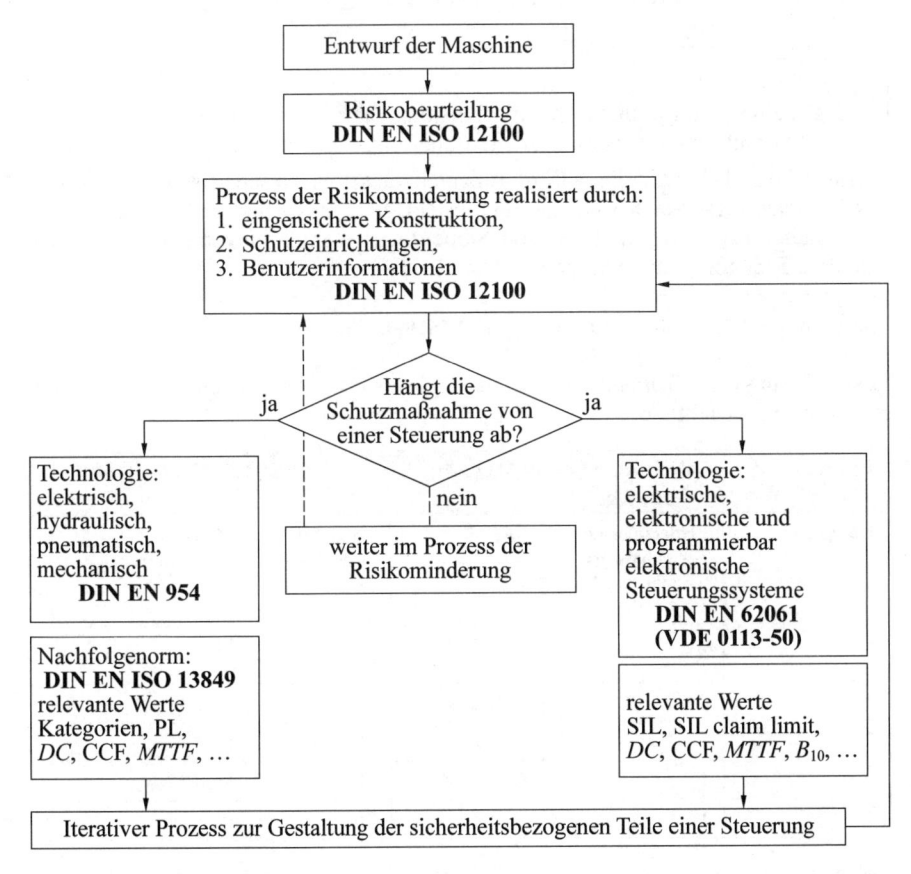

```
                    ┌─────────────────────────┐
                    │   Entwurf der Maschine  │
                    └───────────┬─────────────┘
                                ▼
                    ┌─────────────────────────┐
                    │     Risikobeurteilung   │
                    │     DIN EN ISO 12100    │
                    └───────────┬─────────────┘
                                ▼
          ┌──────────────────────────────────────────────┐
          │ Prozess der Risikominderung realisiert durch:│
          │ 1. eingensichere Konstruktion,               │
          │ 2. Schutzeinrichtungen,                      │
          │ 3. Benutzerinformationen                     │
          │           DIN EN ISO 12100                   │
          └──────────────────────────────────────────────┘
                                ▼
                         ╱ Hängt die ╲
                  ja   ╱ Schutzmaßnahme von ╲   ja
              ◄──────╱   einer Steuerung ab?  ╲──────►
                     ╲                        ╱
                      ╲         nein         ╱
                       ╲                    ╱
                                ▼
                    ┌─────────────────────────┐
                    │  weiter im Prozess der  │
                    │     Risikominderung     │
                    └─────────────────────────┘
```

Technologie: elektrisch, hydraulisch, pneumatisch, mechanisch **DIN EN 954**		Technologie: elektrische, elektronische und programmierbar elektronische Steuerungssysteme **DIN EN 62061 (VDE 0113-50)**
Nachfolgenorm: **DIN EN ISO 13849** relevante Werte Kategorien, PL, *DC*, CCF, *MTTF*, ...		relevante Werte SIL, SIL claim limit, *DC*, CCF, *MTTF*, B_{10}, ...

Iterativer Prozess zur Gestaltung der sicherheitsbezogenen Teile einer Steuerung

Bild 5.1 Funktionale Sicherheit – zwei Normen

Und? Welche Vorliebe haben Sie? Hört sich seltsam an, aber es ist wirklich so: Wenn ich die Kategorien der EN 954-1 kenne, dann werde ich auch die Nachfolgenorm DIN EN ISO 13849-1 verwenden. Logisch. Wer will schon etwas von Architekturen hören, wenn es Kategorien gibt?

Dass die DIN EN 62061 (**VDE 0113-50**) nichts Anderes macht, als Kategorien als einkanalige und zweikanalige Architekturen zu umschreiben, ist jedem Leser der Norm aufgefallen. Würde man diese dann auch noch mit dem Begriff Kategorie in Verbindung bringen, dann würden sich alle Bedenken in Luft auflösen. Dies geschah leider zu selten und somit lebt der Mythos der Kategorie EN 954-1 weiter.

Es wurde schon lange erkannt, dass das kein Kriterium sein darf. Und viele haben erkannt, dass die Grundsätze der Funktionalen Sicherheit der DIN EN 62061 (**VDE 0113-50**) sehr wohl auch für andere Technologien verwendbar sind – der Anwendungsbereich verdeutlicht dies (**Bild 5.2**).

„ …

– legt keine Anforderungen für die Leistungsfähigkeit von nicht elektrischen (z. B. hydraulischen, pneumatischen) Steuerungselementen für Maschinen fest;

Anmerkung 4 Obwohl die Anforderungen in dieser Norm spezifisch für elektrische Steuerungssysteme sind, kann der festgelegte Rahmen und die Methodologie für sicherheitsbezogene Teile von Steuerungssystemen anwendbar sein, die andere Technologien verwenden. … "

Bild 5.2 Anwendungsbereich der DIN EN 62061 (**VDE 0113-50**)

Lassen Sie uns die in **Tabelle 5.1** gezeigte Gegenüberstellung machen und entscheiden Sie selbst, wie wichtig der Begriff der „Kategorien" ist.

DIN EN ISO 13849-1	DIN EN 62061 (VDE 0113-50)			DIN EN ISO 13849-1
Kategorie	Fehlertoleranz der Hardware 0 = einkanalig, 1 = zweikanalig	SFF = DC_{avg}	Maximal erreichbarer SIL	Maximal erreichbarer PL
1	0	< 60 %	SIL 1	PL c
2	0	60 % … 90 %	SIL 1/2	PL c/d
3	1	< 60 %	SIL 1	PL c
	1	60 % … 90 %	SIL 2	PL d
4	1	> 90 %	SIL 3	PL e

Tabelle 5.1 Vereinfachte sinnvolle Anwendung und Zuordnung von Kategorien zu PL und SIL

Eine Kategorie 2 Anwendung mit einem erreichbaren PL d oder SIL 2 ist mit Vorsicht zu genießen.

Kategorie 4 verlangt immer einen Diagnosedeckungsgrad $DC > 99\ \%$ (± 5 %). Da Kategorie 3 bis 90 % (± 5 %) definiert ist, macht die Vereinfachung $DC > 90\ \%$ für Kategorie 4 Sinn.

In der Praxis gibt es aus Anwendersicht nur 99 % oder mehr. Somit wären 99 % ohne ± 5 % realistisch.

5.2 Plan der funktionalen Sicherheit

Management für alle – kein Nachteil für den Einzelnen

In diesem Plan (en: safety plan) sollen alle notwendigen Aktivitäten erfasst und dokumentiert werden, damit die notwendige Funktionale Sicherheit einer SRECS, also die entscheidenden Teile einer Sicherheitsfunktion, sichergestellt ist. Der Begriff „Managementaktivitäten" in der Norm meint all die Aktivitäten, die diesbezüglich sowohl technisch als auch organisatorisch einzuhalten sind.

Warum sollte man das tun? Schauen wir uns dazu die Inhalte, die zu dokumentieren sind, etwas genauer an.

- *Welche Eingangsparameter gibt es, wer ist verantwortlich dafür?*
  - Die Verfahren und Ressourcen der relevanten Informationen für die Funktionale Sicherheit eines SRECS (z. B. Risikobeurteilung, Sicherheitsmaßnahmen bzw. Einrichtungen, verantwortliche Organisation).
- *Wie wird die Funktionale Sicherheit erreicht?*
  - Erfassen der relevanten Aktivitäten in den Abschnitten 5 bis 9 der Norm,
  - Vorgehensweise zum Erreichen der festgelegten Anforderungen zur Funktionalen Sicherheit,
  - Anwendungssoftware und Strategie zum Erreichen der funktionalen Sicherheit bei Entwicklung, Integration, Verifikation und Validierung.
- *Wer macht was?*
  - Verantwortliche Personen, Abteilungen oder andere Einheiten und Ressourcen für die festgelegten Aktivitäten.
- *Wie können die Resultate verifiziert und überprüft werden?*
  - Verifikationsplan
    - Zeitpunkt der Verifikation,
    - Einzelheiten zu den Personen, Abteilungen oder Einheiten, die die Verifikation ausführen müssen,
    - Verifikationsstrategien und Verifikationstechniken,

- Testeinrichtungen,
- Verifikationsaktivitäten,
- Akzeptanzkriterien,
- verwendete Mittel zur Bewertung der Verifikationsergebnisse.
– Validierungsplan
  - Zeitpunkt der Validierung,
  - Betriebsarten der Maschine (z. B. Normalbetrieb, Einrichten),
  - Anforderungen der SRECS, die zu prüfen bzw. zu validieren sind,
  - technische Validierungsstrategien (Tests),
  - Akzeptanzkriterien,
  - auszuführende Aktionen bei Nichterreichen der Akzeptanzkriterien.
- *Wie werden Änderungen verfolgt?*
  – Konfigurationsmanagement, Modifikation.
  Festgelegt wird also eine Strategie für ein Konfigurationsmanagement unter Berücksichtigung der relevanten organisatorischen Aspekte. Dazu gehören z. B. autorisierte Personen und interne Strukturen der Organisation.

All diese Informationen liegen bereits heute beim Hersteller von Maschinen vor.

Mit dem Plan der Funktionalen Sicherheit soll letztendlich die Vorgehensweise bis zur endgültigen Lösung strukturiert dokumentiert werden.

Damit stellt eine mögliche Nachweispflicht kein Problem dar.

Validierung und Verifikation werden bereits heute schon in der DIN EN ISO 13849-2 gefordert und stellen für den Anwender der EN 954-1 nichts Neues dar.

Das Konfigurationsmanagement ist insofern wichtig, weil Änderungen nicht mehr „unbemerkt" gemacht werden können, und somit auch nicht mehr undokumentiert bleiben. Insbesondere bei der Erstellung und Verwaltung der Anwendersoftware ist diese Systematik zwingend notwendig geworden.

Fazit

Wer bisher die EN 954-1 korrekt verwendet hatte, der findet sich von allein im Plan der Funktionalen Sicherheit wieder: Das Kind hat einen Namen bekommen und orientiert sich an allen Aktivitäten, die in jedem erfolgreichen Projekt notwendig sind. Aus alt mach neu, wäre die richtige Umschreibung.

5.3 Bestimmung des erforderlichen Sicherheitsintegritätslevels SIL

Den Risikograph der EN 954-1 hatte jeder irgendwie im Kopf, dieses harmonisch wirkende Bild (und so schön symmetrisch aufgebaut) hatte man doch lieb gewonnen. Gleichwohl wurde geflucht und geschimpft: Was ist denn nun „selten bis weniger häufig" oder „häufig bis dauernd" und warum nur zwei Schweregrade für das Schadensausmaß? Es gleicht einer Hassliebe – bis heute noch. Und zugleich sind das die stärksten Kritikpunkte des so sympathisch wirkenden Risikographens.

Dieser zerrissenen Beziehung trägt die DIN EN 62061 (**VDE 0113-50**) Rechnung und versucht einen gewagten und doch charmanten Ansatz: Alle Risikoelemente der Risikoeinschätzung werden verwendet und genauer präzisiert. Ein wichtiger Schritt, damit die geforderte Sicherheitsintegrität ermittelt werden kann!

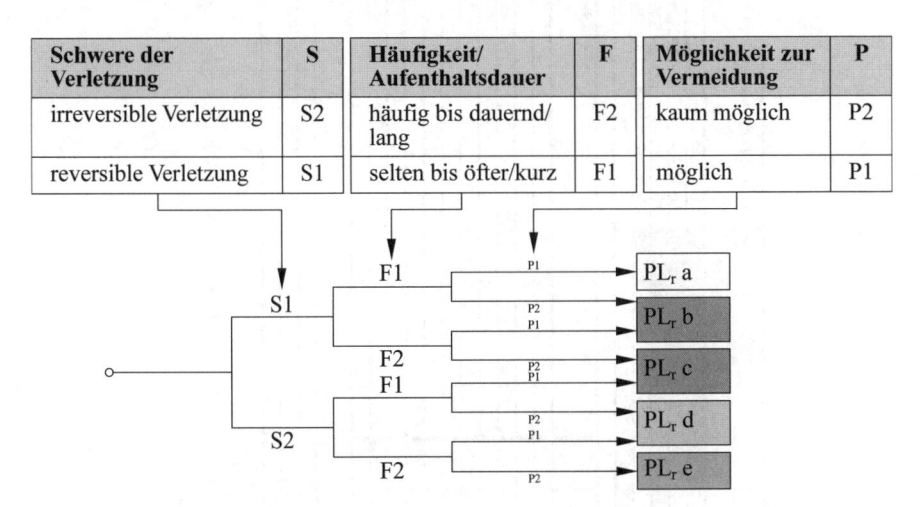

Schwere der Verletzung	S	Häufigkeit/ Aufenthaltsdauer	F	Möglichkeit zur Vermeidung	P
irreversible Verletzung	S2	häufig bis dauernd/ lang	F2	kaum möglich	P2
reversible Verletzung	S1	selten bis öfter/kurz	F1	möglich	P1

Bild 5.3 Der Risikograph gemäß DIN EN ISO 13849-1 – Lücken im System

Das größte Manko dieses gewollt symmetrisierten Risikographens (**Bild 5.3**) sind die folgenden Kritikpunkte:
1. Warum nur S1 und S2? Nach RAPEX sind S1 bis S4, also vier Stufen empfohlen.
2. F1 und F2 bieten nicht die notwendige Flexibilität und sind somit nicht mehr zeitgemäß.
3. Wo ist denn der Parameter der Eintrittswahrscheinlichkeit geblieben? Eine Worst-Case-Betrachtung darf nicht vorgeschrieben werden.

Ganz anders geht die DIN EN 62061 (**VDE 0113-50**) das Problem an (**Bild 5.4**).

Produkt:
Hersteller:
Datum:

Dokument Nr.:
Teil:

☐ vorläufige Risikobeurteilung
☐ zwischenzeitliche Risikobeurteilung
☐ nachfolgende Risikobeurteilung

Risikobeurteilung und Sicherheitsmaßnahmen

Auswirkungen	Schadens-ausmaß S	Klasse K				Häufigkeit und/oder Aufenthaltsdauer F		Eintrittswahrscheinlichkeit des Gefährdungsereignis W		Möglichkeit zur Vermeidung P	
		3-4	5-7	8-10	11-13	14-15						
Tod, Verlust von Auge oder Arm	4	SIL 2	SIL 2	SIL 3	SIL 3	SIL 3	≥ 1 pro h	5	häufig	5		
Permanent, Verlust von Fingern	3		AM	SIL 1	SIL 2	SIL 3	< 1 pro h bis ≥ 1 pro Tag	5	wahrscheinlich	4	unmöglich	5
Reversibel, medizinische Behandlung	2			AM	SIL 1	SIL 2	< 1 pro Tag bis ≥ 1 pro 14 Tage	4	möglich	3	möglich	3
Reversibel, Erste Hilfe	1				AM	SIL 1	< 1 pro 2 Wochen bis ≥ 1 pro Jahr	3	selten	2	wahrscheinlich	1
							< 1 pro Jahr	2	vernachlässigbar	1		

Ser. Nr.	Gefahr Nr.	Gefährdung	S	F	W	P	K	Sicherheitsmaßnahmen	Sicher

Kommentare

AM = andere Maßnahmen

Bild 5.4 Die Ermittlung des geforderten SIL gemäß DIN EN 62061 (**VDE 0113-50**) – es geht auch anders (Quelle: DIN EN 62061 (**VDE 0113-50**):2016-05)

Entscheiden Sie selbst, was Ihnen am ehesten liegt. Meine Gesprächspartner haben mir sehr oft gesagt, dass dieser Ansatz bevorzugt wird, weil Menschen im Team sehr wohl mit dieser feingranularen Aufteilung zurechtkommen – wichtig ist eine abgestimmte Einstufung des Risikos, das nachweisbar und nachvollziehbar dokumentiert wird.

Skurril wird es nur dann, wenn die Einstufung gemäß der Tabelle in Bild 5.4 gemacht wird und die Anwendung dann nach DIN EN ISO 13849-1 erfolgt. Da beide Methoden, als Tabelle oder Risikograph, nur *informativ* sein können, mögen die Normenexperten Nachsicht mit den Anwendern haben – er sucht nur nach einem Ausweg aus seiner misslichen Lage.

Hinweis

„Informativ" sind meistens Anhänge, die keinen normativen und somit verbindlichen Charakter (im Sinne von Anforderungen) haben, sondern lediglich eine Hilfestellung anbieten wollen. Leider wird seitens der Anwender der Norm oft kein Unterschied gemacht und diese Hilfestellung als quasi verbindlich eingestuft, mangels Alternativen.

Vielleicht sollte bei der Überarbeitung der Norm dieses Bedürfnis an Freiheitsgrad ernst genommen, aufgegriffen und in der Norm verankert werden: Etwas praktikable Hilfe ist nicht verkehrt für den Anwender der Normen und kann z. B. auch nur informativ in einem Anhang platziert werden.

5.4 Spezifikation der Anforderungen für sicherheitsbezogene Steuerungsfunktionen

Was wollen wir denn wie erreichen?

Bei der Spezifikation jeder sicherheitsbezogenen *Steuerungsfunktion (SRCF)* – dies entspricht der Sicherheitsfunktion aus Sicht der Steuerungstechnik – sind zwei Aspekte zu betrachten:
- die Spezifikation der funktionalen Anforderungen und
- die Spezifikation der Anforderungen zur *Sicherheitsintegrität*, umgangssprachlich auch „Performance" oder Leistungsfähigkeit genannt.

Diese müssen in der Spezifikation der Sicherheitsanforderungen (SRS, en: safety requirement specification) dokumentiert werden.

Funktionale Anforderungen

Auszug aus der Norm:

„*... Wo nichtelektrische Einrichtungen zur Ausführung einer Sicherheitsfunktion in Kombination mit elektrischen Mitteln beitragen, wird (werden) der (die) auf nichtelektrische Einrichtungen bezogene(n) Ausfallgrenzwert(e) im Rahmen dieser Norm nicht betrachtet. Elektrische Mittel umfassen alle Geräte oder Systeme, die auf Basis elektrischer Prinzipien arbeiten, einschließlich:*
- *elektromechanische Einrichtungen;*
- *nichtprogrammierbare elektronische Einrichtungen;*
- *programmierbare elektronische Einrichtungen. ...*"

Was heißt das in der Praxis? Nachfolgende Informationen sind zu berücksichtigen:
- Bedingung(en) (z. B. Betriebsart) der Maschine,
- Priorität derjenigen Funktionen, die gleichzeitig aktiv sein können und die in Widerspruch stehende Aktionen auslösen können,
- erforderliche Reaktionszeit jeder sicherheitsbezogenen Steuerungsfunktion,
- Schnittstelle(n) des SRECS zu anderen Maschinenkomponenten,
- erforderliche Reaktionszeit von Eingangs- und Ausgangssignalen,
- Beschreibung der sicherheitsbezogenen Steuerungsfunktion,
- Beschreibung der Betriebsumgebung,
- Tests und alle zugehörigen Einrichtungen.

Anforderungen zur Sicherheitsintegrität

Mit dieser Sicherheitsintegrität soll sichergestellt werden, dass die notwendig geforderte Risikominderung erreicht werden kann. Diese Einstufung ist hierarchisch zu sehen, ebenso wie der Performance Level PL nach DIN EN ISO 13849-1. Das macht die Sache etwas greifbarer (**Tabelle 5.2**).

Sicherheits-integritätslevel (SIL)	Wahrscheinlichkeit eines Gefahr bringenden Ausfalls pro Stunde (PFH_D)	Performance Level (PL)
1	$10^{-6} \leq PFH_D < 10^{-5}$	PL b / PL c
2	$10^{-7} \leq PFH_D < 10^{-6}$	PL d
3	$10^{-8} \leq PFH_D < 10^{-7}$	PL e

Tabelle 5.2 SIL, PL und Wahrscheinlichkeiten Gefahr bringender Ausfälle

PFH_D kommt aus dem Englischen und bedeutet „Probability of Failures per Hour, Dangerous". Diese statistischen Grenzwerte (Probabilistik) kann man sich bildhaft wie folgt vorstellen:
- SIL 1, ein möglicher Ausfall innerhalb von ca. 10 Jahren;
- SIL 2, ein möglicher Ausfall innerhalb von ca. 100 Jahren;
- SIL 3, ein möglicher Ausfall innerhalb von ca. 1 000 Jahren.

Anmerkung: Das Jahr hat 365 mal 24 Stunden, also 8760 Stunden und somit ungefähr 10 000 Stunden, oder $1 \cdot 10^4$ in wissenschaftlicher Schreibweise.

Ebenfalls anzumerken bleibt noch: Wenn die erforderliche Sicherheitsintegrität einer sicherheitsbezogenen Steuerungsfunktion kleiner als SIL 1 ist, dann müssen mindestens die Anforderungen von Kategorie B nach DIN EN ISO 13849-1 erfüllt werden.

Im Lichte der Funktionalen Sicherheit ist auch immer die DIN EN 60204-1 (**VDE 0113-1**) zu beachten. Wenn die Anforderungen geringer als SIL 1 sind, dann treibt nur noch z. B. die DIN EN 60204-1 (**VDE 0113-1**) den Entwurf des elektrischen Steuerungssystems.

Unter Sicherheitsintegrität versteht man aber nicht nur diese statistischen Werte zur Bewertung der Wahrscheinlichkeiten (quantitativen Betrachtungen), sondern auch den qualitativen Entwurf, der sich in den Strukturen und der Systematik widerspiegelt.
Leider wird oft nur das Thema Wahrscheinlichkeit in den Vordergrund gestellt. Dabei sind der strukturelle Ansatz und die gesamte systematische Integrität weitaus wichtiger einzustufen: Hier werden die meisten Fehler gemacht.

Hinweis

Was hilft eine bis in die Nachkommastellen errechnete Lösung, wenn, bezogen auf die Applikation, die falschen Komponenten verwendet werden? Nichts. Leider wird diesen Zahlen mitunter mehr Wert beigemessen als der Auswahl der richtigen Komponenten, also der „systematischen Integrität".

In der Normensprache wird die Sicherheitsintegrität folgendermaßen umschrieben:
- Sicherheitsintegrität der Hardware, d. h., Architektureinschränkungen (Fehlertoleranz) und Wahrscheinlichkeit zufälliger Gefahr bringender Hardwareausfälle;
- *Systematische Integrität*, d. h., Anforderungen zur Vermeidung und Beherrschung systematischer Fehler.

Systematische Fehler sind grundlegende Entwicklungsfehler, Auswahl falscher Komponenten und Fehler in der Software. Alle Fehler sind nicht nur mit Wahrscheinlichkeiten zu betrachten, sondern haben ihren Ursprung in der Methodik und dem Qualitätssystem: Kontrolle statt Vertrauen ist die einzige Antwort darauf. Diese „verdeckten", nicht aufgespürten Fehler führen irgendwann zu einem Ausfall der Lösung. Daher wird heutzutage auf diesen systematischen Aspekten seitens der Behörden und seitens der Zulassung vermehrt Wert gelegt. Im Grunde ist diese Thematik vergleichbar mit der ISO 9001 – ein gut funktionierendes Managementsystem! Zur Verdeutlichung sollen einige wichtige Aspekte hervorgehoben werden.

Anforderungen zur Vermeidung von Hardwareausfällen

- Korrekte Auswahl, Kombination, Anordnungen, Zusammenbau und Installation von Teilsystemen, einschließlich Verkabelung,
- Beachtung der Anwendungshinweise des Komponentenherstellers, z. B. Katalogangaben, und Anwendung nach bewährter Betriebspraxis (siehe auch DIN EN ISO 13849-2, Anhang D.1),
- Simulation zur Überprüfung der funktionalen Leistungsfähigkeit, der Dimensionierung und Wechselwirkung von Teilsystemen (z. B. auf Software basierendes Verhaltensmodell).

Anforderungen zum Beherrschen systematischer Fehler

- Bei einer Energieabschaltung, d. h., bei Verlust der elektrischen Versorgung, muss ein sicherer Zustand der Maschine erreicht oder beibehalten werden.
- Vorübergehende Teilsystemausfälle, beispielsweise Spannungsausfall (z. B. unerwarteter Anlauf eines Motors) oder eine elektromagnetische Beeinflussung an einem einzelnen Teilsystem, dürfen nicht zu einer Gefährdungssituation führen.
- Wenn an einer Schnittstelle ein Gefahr bringender Fehler auftritt, muss die Fehlerreaktion erfolgen, bevor die Gefährdung durch diesen Fehler auftreten kann. Schnittstellen sind alle Ein- und Ausgänge der Teilsysteme und alle anderen Einheiten von Teilsystemen, die während der Integration einer Verkabelung bedürfen, z. B. die Ausgangsschaltelemente eines Lichtvorhangs oder der Ausgang eines Positionsschalters einer Schutztürüberwachung.

> **Hinweis**
>
> Die Probabilistik und das Thema Wahrscheinlichkeiten stellen nur ein Aspekt der Sicherheitsintegrität dar. Die systematischen Aspekte sind die eigentliche Quelle heutiger Probleme. Das zeigen Studien und viele Gespräche.

Mit der vereinfachten Darstellung in **Bild 5.5** kann die Beziehung zwischen den Architekturen (als Kategorien), dem Performance Level PL und dem Sicherheitsintegritätslevel SIL aufgezeigt werden.

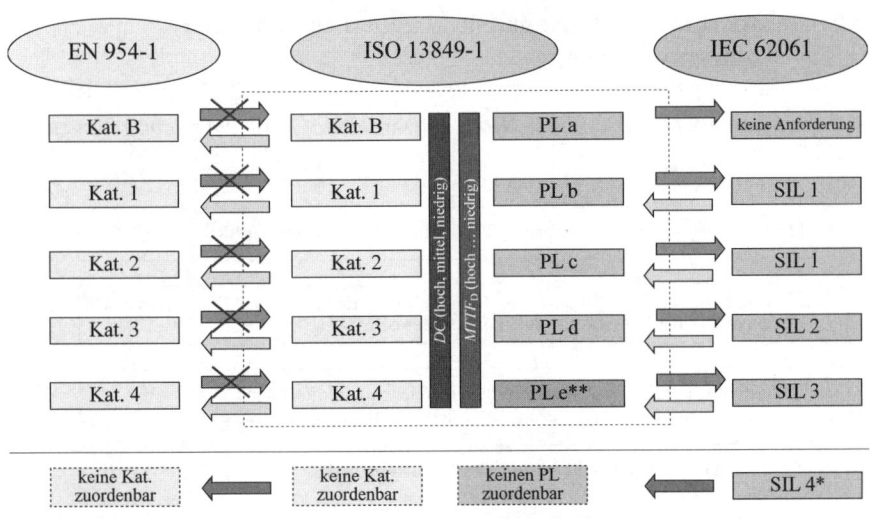

EN 954-1	ISO 13849-1	IEC 62061
Kat. B	Kat. B	PL a	keine Anforderung
Kat. 1	Kat. 1	PL b	SIL 1
Kat. 2	Kat. 2	PL c	SIL 1
Kat. 3	Kat. 3	PL d	SIL 2
Kat. 4	Kat. 4	PL e**	SIL 3
keine Kat. zuordenbar	keine Kat. zuordenbar	keinen PL zuordenbar	SIL 4*

(Mittelspalte: DC (hoch, mittel, niedrig); $MTTF_D$ (hoch ... niedrig))

Legende
PL Performance Level (Ausfallwahrscheinlichkeit)
Kat. Kategorie
SIL Safety Integrity Level

*) SIL 4 ist in der Fertigungsindustrie nicht gefordert
**) PL e ist nur mit einer anderen Norm z. B. IEC 61508 erreichbar, bei Verwendung programmierbarer Geräte

Bild 5.5 Vereinfachte Gegenüberstellung Kategorien – PL – SIL

Historisch

Die EN 954-1 hat international zugunsten der ISO 13849-1:2006 Platz gemacht. 2005 bereits erschien die IEC 62061:2005 als Anwendernorm der IEC 61508:1999.

Die probabilistischen Betrachtungen der ISO 13849-1 sind aus dem europäischen Projekt „European Project STSARCES – Standards for Safety Related Complex Electronic Systems, Annex 6", im Jahr 2001 hervorgegangen.

Hinweis

Die ISO 13849-1 muss sich den Vorwurf gefallen lassen, dass das im Anhang K hinterlegte Markov-Modell, das in dem europäischen Projekt seine Wurzeln hat, nicht offengelegt wurde. Ferner trifft dieses Modell die Annahme, dass alle Komponenten in die Modellierung eingebunden werden. Werden jedoch bereits vorgeprüfte Komponenten verwendet, z. B. Sicherheitsschaltgeräte, dann ist dies nicht berücksichtigt worden.

5.5 Entwurf des sicherheitsbezogenen elektrischen Steuerungssystems

Der Entwurfsprozess wird in der Norm anhand einer Grafik sehr schön dargestellt (**Bild 5.6**).

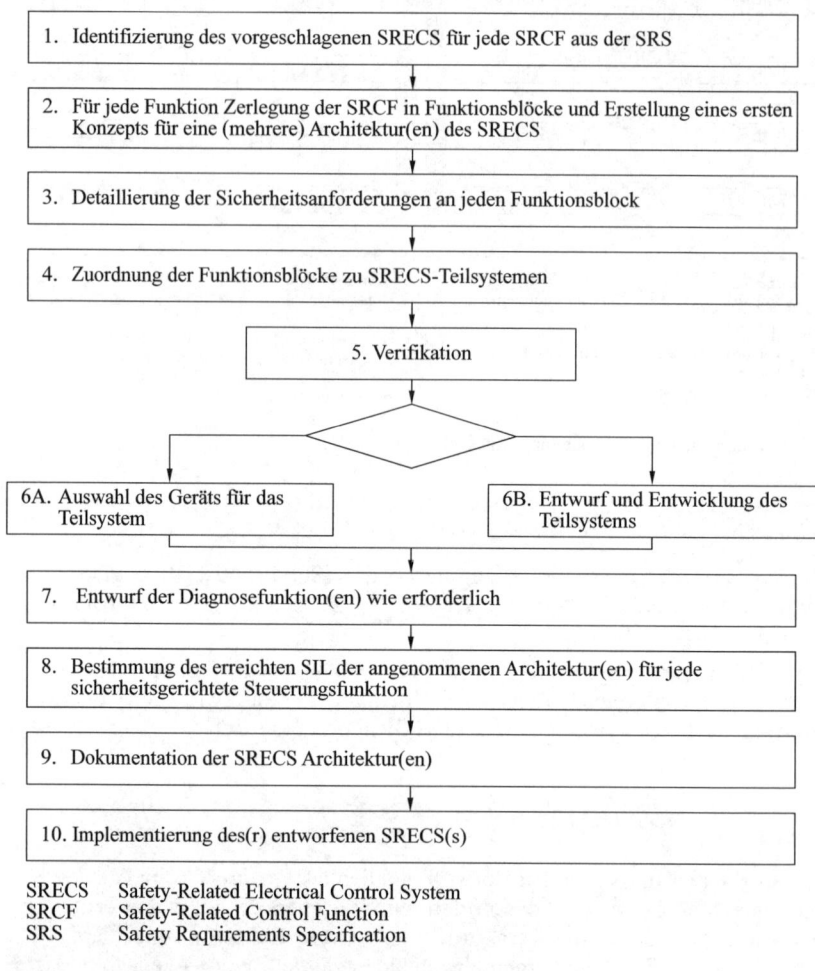

1. Identifizierung des vorgeschlagenen SRECS für jede SRCF aus der SRS
2. Für jede Funktion Zerlegung der SRCF in Funktionsblöcke und Erstellung eines ersten Konzepts für eine (mehrere) Architektur(en) des SRECS
3. Detaillierung der Sicherheitsanforderungen an jeden Funktionsblock
4. Zuordnung der Funktionsblöcke zu SRECS-Teilsystemen
5. Verifikation

6A. Auswahl des Geräts für das Teilsystem

6B. Entwurf und Entwicklung des Teilsystems

7. Entwurf der Diagnosefunktion(en) wie erforderlich
8. Bestimmung des erreichten SIL der angenommenen Architektur(en) für jede sicherheitsgerichtete Steuerungsfunktion
9. Dokumentation der SRECS Architektur(en)
10. Implementierung des(r) entworfenen SRECS(s)

SRECS Safety-Related Electrical Control System
SRCF   Safety-Related Control Function
SRS   Safety Requirements Specification

Bild 5.6 Entwurfsprozess gemäß DIN EN 62061 (**VDE 0113-50**)
(Quelle: DIN EN 62061 (**VDE 0113-50**):2016-05)

Wenn wir die Sicherheitsfunktion in Funktionseinheiten „zerlegen" bzw. aufteilen, dann stellen wir sicher, dass alle erforderlichen Anforderungen und beteiligte Komponenten auch erfasst werden. Der Begriff Funktionsblock stellt eine solche Funktionseinheit dar, die wiederum für sich in einem Teilsystem im Sinne von Hardware und ggf. Software gespiegelt oder realisiert wird. Daher muss das gesamte Gebilde einer Sicherheitsfunktion in ein System münden, bestehend aus genau diesen Teilsystemen (**Bild 5.7**).

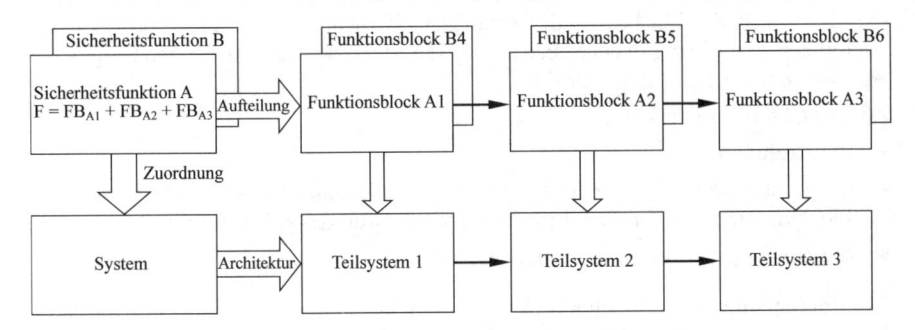

Bild 5.7 Zerlegen der Sicherheitsfunktion in Funktionsblöcke

Beispiel: Wenn die Schutztür geöffnet wird, dann muss über eine sicherheitsgerichtete Steuerung ein Antrieb in SLS (en: safety limited speed) übergehen. Somit ergeben sich drei Teilsysteme:
1. die Schutztürüberwachung mittels zweier Positionsschalter,
2. die Auswertung dieser Schutztüre mittels einer sicherheitsgerichteten Steuerung,
3. die Reaktion mit der Antriebsfunktion SLS mittels einer Antriebssteuerung gemäß DIN EN 61800-5-2 (**VDE 0160-105-2**).

5.6 Bestimmung des erreichten Sicherheitsintegritätslevels

Die steuerungstechnische Maßnahme muss eine ausreichende Sicherheitsintegrität erreichen.

Dieser Sicherheitsintegritätslevel des SRECS muss der geforderten Sicherheitsintegrität der Hardware (Wahrscheinlichkeit Gefahr bringender Ausfälle) entsprechen und geringer oder gleich dem niedrigsten Wert der SIL-Anspruchsgrenze für die systematische Integrität und die strukturellen Einschränkungen von irgendeinem der Teilsysteme sein.

In DIN EN ISO 13849-1 entspricht das dem Performance Level PL.

Sicherheitsintegrität der Hardware

Die Sicherheitsintegrität eines sicherheitsrelevanten Steuerungssystems (als Steuerungsmaßnahme) bezieht sich immer auf eine vollständige Sicherheitsfunktion, deren Anforderungen in der Spezifikation festgelegt wurden. Mit dem Begriff „System" wird die Sicherheitsfunktion aus Sicht der steuerungstechnischen Maßnahme umschrieben.

Die Wahrscheinlichkeit eines Ausfalls jeder sicherheitsbezogenen Steuerungsfunktion (SRCF) infolge Gefahr bringender zufälliger Hardwareausfälle muss somit kleiner oder gleich sein wie der in der Spezifikation der Sicherheitsanforderungen festgelegte Ausfallgrenzwert (der geforderte SIL).

Zu betrachten sind deshalb:

- die Architektur,
- die geschätzte Ausfallrate jedes Teilsystems mit seinen zugeordneten Funktionsblöcken, die zu einem Gefahr bringenden Ausfall des SRECS führen können,
- die Ausfälle infolge gemeinsamer Ursache.

Die Begrenzung der Wahrscheinlichkeit Gefahr bringender zufälliger Hardwareausfälle (en: probability of dangerous failures per hour, PFH_D) gilt für die gesamte Sicherheitsfunktion, d. h., sie darf von allen Teilsystemen zusammen nicht überschritten werden:

$$PFH_{D\,\text{Sicherheitsfunktion}} = PFH_{D\,\text{Teilsystem 1}} + \cdots + PFH_{D\,\text{Teilsystem }n}.$$

In DIN EN ISO 13849-1:2016-06, Abschnitt 6.3 wurde diese Möglichkeit nun auch explizit genannt.

In der Überarbeitung der IEC 61508:2010 wurde der Begriff „Wahrscheinlichkeit" durch Frequenz ersetzt: Dies ist mathematisch korrekt, jedoch ist mit den Betrachtungen der IEC 62061 das Thema der Wahrscheinlichkeiten Gefahr bringender Ausfälle gemeint. Daher wurde bei der Ed. 1.1 der DIN EN 62061 (**VDE 0113-50**):2013-09 der Begriff PFH_D nicht angepasst oder gar ersetzt, damit der Leser der Norm nicht in Zweifel geführt wird. Zumal die DIN EN ISO 13849-1 auch von Wahrscheinlichkeiten und nicht von Frequenzen spricht.

Strukturelle Einschränkungen

Wenn jedes einzelne Teilsystem die geforderten strukturellen Einschränkungen eines bestimmten SIL erfüllt, dann erfüllt das System sie ebenfalls. Erfüllt jedoch ein Teilsystem nur die geringeren Anforderungen eines niedrigeren SIL, dann begrenzt das den SIL für das gesamte System:

$$SIL_{\text{System}} \leq (SIL_{\text{Teilsystem}})_{\text{niedrigste}}.$$

Man spricht deshalb vom SIL claim limit (SIL CL) eines Teilsystems zur Beschreibung der SIL-Anspruchsgrenze.
In DIN EN ISO 13849-1:2016-06, Abschnitt 6.3 wurde diese mögliche Vorgehensweise ebenfalls eingeführt: $PL_{\text{kombinierte SRP/CS}} \leq (PL_{\text{SRP/CS}})_{\text{niedrigste}}$.

> **Hinweis**
>
> Dieser Aspekt ist entscheidend: Damit wird sichergestellt, dass nicht allein die Wahrscheinlichkeiten Gefahr bringender Ausfälle im Vordergrund stehen, sondern auch die Architektur für sich allein qualitativ bewertet wird. Dieser Ansatz fehlt leider gänzlich in der ISO 13849-1 und macht diese auch anfällig für etwaige bewusste Fehlanwendungen.

Systematische Sicherheitsintegrität

Wie bereits für die strukturellen Einschränkungen beschrieben, muss auch für die systematische Sicherheitsintegrität die SIL-Anspruchsgrenze der SRECS geringer oder gleich der niedrigsten SIL-Anspruchsgrenze irgendeines Teilsystems sein, das an der Ausführung der sicherheitsbezogenen Steuerungsfunktion beteiligt ist:

$SIL_{\text{System}} \leq (SIL_{\text{Teilsystem}})_{\text{niedrigste}}$.

5.7 Validierung des Steuerungssystems

Der Sicherheitsintegritätslevel SIL eines sicherheitsbezogenen elektrischen Steuerungssystems muss spätestens bei der Verifikation und Validierung immer drei Anforderungen genügen bzw. entsprechen:
1. die Sicherheitsintegrität der Hardware,
2. die strukturellen Einschränkungen der Teilsysteme und des Systems,
3. die systematische Sicherheitsintegrität der Teilsysteme und des Systems.

Damit wird im Grunde nur noch der Nachweis der Qualität des sicherheitsbezogenen elektrischen Steuerungssystems erbracht: Wurden die Anforderungen der Spezifikation (SRS) auch erreicht?

5.8 Zusammenfassung – Schritt für Schritt

*Der DIN EN ISO 13849-1 fehlt die Struktur, dafür hat die DIN EN 62061 (**VDE 0113-50**) eine praktische Sichtweise.*
Nicht, dass die Norm unstrukturiert ist – das meine ich nicht.
Aber der Gedanke der strukturellen Einschränkung der DIN EN 62061 (**VDE 0113-50**) ist nicht vorhanden – alles dreht sich um einen Performance Level PL, und der wird immer nur auf Basis der Wahrscheinlichkeit Gefahr bringender Ausfälle ermittelt – dieses Manko sieht man nur allzu deutlich im Anhang K der Norm.
Die Verfasser der DIN EN ISO 13849-1 haben es leider verpasst, hier klare Signale zu setzen, wie es die Vorgängernorm gemacht hat: Die Struktur eines SRP/CS hat primär nur eine bedingte Einschränkung, viel zu viel ist möglich. Erst mit Anwendung des Anhangs K werden die Grenzen aufgezeigt. Das ist verwirrend.
Dagegen treibt die DIN EN 62061 (**VDE 0113-50**) eine andere Zielsetzung:
Egal, wie gering auch die Wahrscheinlichkeit Gefahr bringender Ausfälle nun sein mag, mit den strukturellen Einschränkungen wird völlig unabhängig davon die Qualität der angedachten Lösung bewertet. So muss es auch sein: Die Struktur, wie früher die Kategorien nach EN 954-1, muss im Vordergrund stehen, und erst dann darf die Probabilistik unterstützend herangezogen werden. Und bitte nicht umgekehrt.
In **Bild 5.8** soll ein praktisches Beispiel für eine Schutztürüberwachung mit zwei Positionsschaltern gezeigt werden.

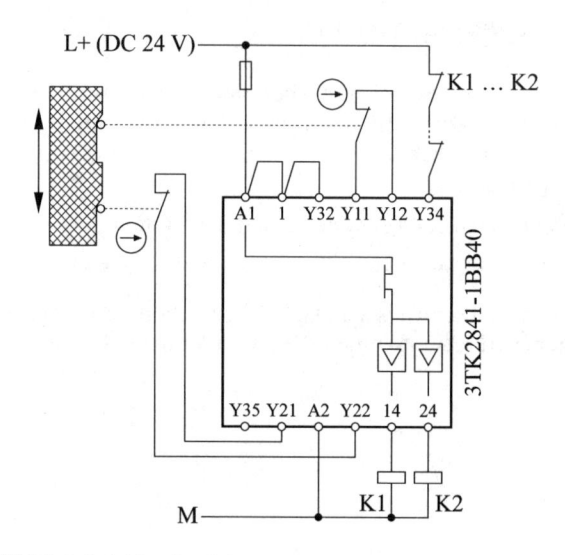

Bild 5.8 Beispiel für eine Schutztürüberwachung

Bewerten Sie die Positionserfassung der Schutztür wie folgt: Wir wählen eine Kategorie 3 Architektur mit einem Betätigungszyklus von einmal pro Stunde, einen Diagnosedeckungsgrad von 60 %, einen B_{10D}-Wert von 10 000 000 Schaltspielen, dann passiert etwas ganz Seltsames: Da die Schütze B_{10D}-Werte von mindestens 1 300 000 haben, schaffen Sie es bei einzelner Betrachtung, also ein SRP/CS für die Schutztür, ein SRP/CS für das Sicherheitsschaltgerät und SRP/CS für die beiden Schütze mit einen Performance Level PL d zu erreichen. Grund dafür ist der Diagnosedeckungsgrad der Positionsschalter. Bilden Sie dagegen die gesamte Funktion nur über ein einzelnes SRP/CS ab, dann wird durch Methodik $MTTF_{D\ avg}$ und DC_{avg} ein Performance Level PL e erreichbar sein.

Was ist nun nichtig? Nicht Performance Level PL e! Das steht fest.

Dies vor Augen lässt die Ratlosigkeit mancher Anwender erklären.

Würde man den Gedanken der Teilsysteme (das Pendant zu einem einzelnen SRP/CS) ausschließlich verwenden, dann gäbe es diesen Konflikt erst gar nicht: Das Teilsystem „Schutztürüberwachung" wird durch die Diagnosefähigkeit auf einen SIL 2 (vgl. mit dem Performance Level PL d) mit den strukturellen Eigenschaften beschränkt. Egal, was die Logik- und Aktorikteilsysteme für Fähigkeiten mit sich bringen.

Das schwächste Glied in der Kette ist ausschlaggebend. Es dürfen keine Wechselwirkungen zwischen verschiedenen Teilsystemen oder SRP/CS zu solch seltsamen Ergebnissen führen, die man gefühlsmäßig auch nicht nachvollziehen kann.

Der sicherste Weg eine Sicherheitsfunktion auch nachvollziehbar zu bewerten, ist der Ansatz der Teilsysteme gemäß der DIN EN 62061 (**VDE 0113-50**) oder mehrerer SRP/CS nach DIN EN ISO 13849-1:

Sicherheitsfunktion = Teilsystem$_{Sensorik}$ + Teilsystem$_{Logik}$ + Teilsystem$_{Aktorik}$.

Sicherheitsfunktion = SRP/CS$_{Sensorik}$ + SRP/CS$_{Logik}$ + SRP/CS$_{Aktorik}$

6 Das VDMA-Einheitsblatt

6.1 Motivation der Komponentenhersteller und Maschinenhersteller

Wie schon angedeutet: Die Wahrscheinlichkeiten Gefahr bringender Ausfälle stehen zu sehr im Vordergrund, und die anderen relevanten Daten zur Berechnung und Bewertung einer Sicherheitsfunktion können nicht so recht eingestuft werden – was ist wichtig, und was nicht?

Aus dieser Not heraus haben sich alle beteiligten Parteien unter der Federführung des VDMA an einen Tisch gesetzt. *Birgit Sellmaier*, Referentin im Fachverband Elektrische Automation, hat dieses schwierige Unterfangen als Projektleiterin gemanagt, dafür gesorgt, dass die Interessen aller Beteiligten – Maschinenhersteller und Automatisierungstechniklieferanten – gewahrt wurden und die Ergebnisse der Arbeitsgruppe als VDMA-Einheitsblatt 66413 im Jahr 2012 veröffentlicht werden konnten. Das Einheitsblatt ist in deutsch und englisch verfügbar und kann über den Beuth-Verlag bezogen werden.

Mit dem VDMA-Einheitsblatt 66413 „Funktionale Sicherheit – Universelle Datenbasis für sicherheitsbezogene Kennwerte von Komponenten oder Teilen von Steuerungen" wurde erstmals industrieweit ein Standard verabschiedet, der wegweisend ist!

Deshalb möchte ich an dieser Stelle zuerst die Macher des Einheitsblatts, den Redaktionskreis nennen:

Dr. Stefan Benk (Phoenix Contact), Dr. Michael Huelke (IFA), Thomas Kramer-Wolf (Pilz), Andy Lungfiel (IFA), Holger Tielebein (Kothes), Dr. Guido Beckmann (Beckhoff Automation), Dr. Thorsten Gantevoort (TÜV Rheinland), Jörg Krautter (DMG Electronics), Bernard Mysliwiec (Siemens) und die beiden Obmänner Joachim Greis (Beckhoff) und Patrick Gehlen (Siemens).

Folgende Firmenvertreter waren ebenfalls aktiv an der Erstellung beteiligt und haben wichtige Akzente gesetzt:

Frank Schmidt (Schmersal), Frank Bauder (Omron), Karl-Heinz Arndt (Eaton), Armin Bornemann (Deckel Maho), Lütfiye Dönoglu (Eaton), Rüdiger Knorpp (Heller), Heinrich Mödden (VDMA Werkzeugmaschinen/VDW), Jochen Ost (Bosch Rexroth), Robert Sammer (TÜV), Peter Steger (Grob-Werke).

6.2 Warum erst jetzt? – Ein Erklärungsversuch

Zu viele Daten, zu wenig Verständnis

Im Markt hatte sich ein Wettlauf der Daten und eine damit verbundene Datenflut etabliert. Die Angaben zu Komponenten wuchsen und wuchsen und immer weniger war dem Anwender bewusst, welche Daten er denn nun wirklich benötigt.

Mit dem Verweigern von gewissen Daten bekam das Ganze noch eine brisante Note: Warum liefert Siemens keinen *SFF* für seine fehlersicheren Steuerungen Simatic S7? Warum werden B_{10}-Werte und ein Anteil Gefahr bringender Ausfälle geliefert, jedoch kein B_{10D}-Wert?

Die Antwort auf diese Fragen ist relativ einfach: Die einen Hersteller liefern alle Daten, die für die Bewertung einer Sicherheitsfunktion relevant sind, die anderen liefern zusätzlich Daten, die aus Sicht des Anwenders nicht wirklich hilfreich sind. Durch Fehlinterpretationen der beiden Normen DIN EN 62061 (**VDE 0113-50**) und DIN EN ISO 13849-1 ist dieses Spannungsfeld nicht abgebaut worden – im Gegenteil, der Normenkrieg „Wir wissen das" fand auf dem Rücken der Anwender statt.

Alles menschlich und verständlich. Und deshalb konnte auch das VDMA-Einheitsblatt erfolgreich abgestimmt werden, nachdem sich alle Parteien auf neutralem Boden trafen und ehrlich ihre Befindlichkeiten äußern konnten.

Mit der Einführung der VDMA-Geräte-Typen entstand erstmals eine gemeinsame Sichtweise.

Die definierten Geräte-Typen helfen dabei, alle Produkte, die im Umfeld der Funktionalen Sicherheit relevant sein könnten, sinnvoll zu klassifizieren – und damit wird endlich die Lücke zwischen den Normen DIN EN 62061 (**VDE 0113-50**), DIN EN ISO 13849-1 und dem Anwender geschlossen.

Schauen wir uns jetzt diese Klassifizierung etwas genauer an.

> **Appell**
>
> Bei der zukünftigen Überarbeitung der beiden Normen (DIN EN 62061 (**VDE 0113-50**) und DIN EN ISO 13849-1) sollten diese Geräte-Typen des VDMA-Einheitsblatts 66413 bzw. dessen Weiterentwicklung nach CAPIEL aufgenommen werden, um so eine praktikable Brücke zum Anwender zu schlagen.

6.3 Geräte-Typen – ohne sie geht nichts mehr heute

Eine neutrale Strukturierung und Klassifizierung hilft immer – auch in der Sicherheitstechnik.

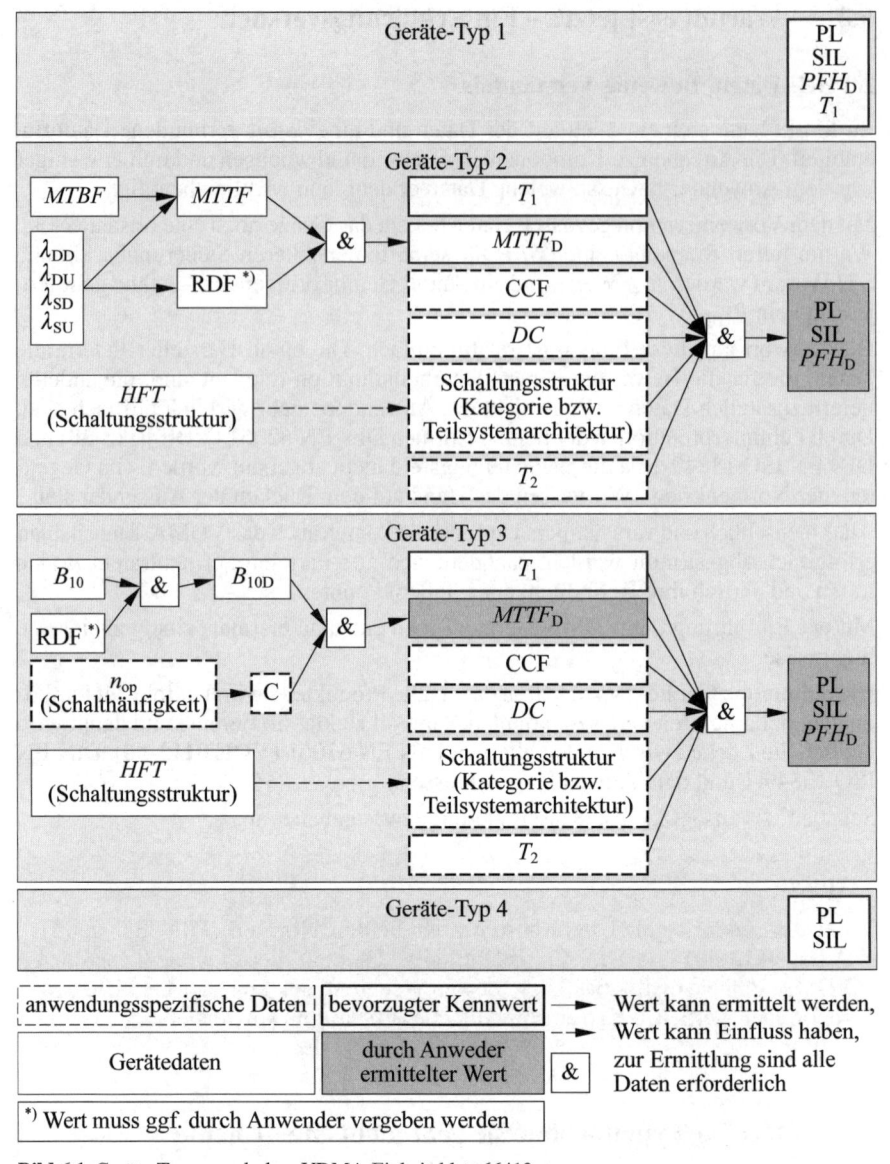

Bild 6.1 Geräte-Typen nach dem VDMA-Einheitsblatt 66413

Wie soll ich **Bild 6.1** lesen?

Grundlegend gilt:

Je höher die Nummer des Geräte-Typs, desto mehr Verantwortung liegt applikationsbedingt beim Anwender.

Eine Ausnahme ist der Geräte-Typ 4, der einen Sonderfall des Geräte-Typs 1 darstellt.

Erläuterungen (Auszug aus dem VDMA-Einheitsblatt 66413)

„...
Die Geräte werden nach folgenden Merkmalen unterschieden:
- *Gerät, das direkt als SRP/CS bzw. als Teilsystem (Teilelement) in einer Sicherheitsfunktion verwendet werden kann, weil der Hersteller das Gerät bereits für diesen Einsatzfall entwickelt hat (Geräte-Typ 1 und Geräte-Typ 4).*
- *Gerät, das erst durch den Entwurfsprozess des Anwenders als SRP/CS bzw. als Teilsystem (Teilelement) definiert und bewertet wird (Geräte-Typ 2 und Geräte-Typ 3).*
...

4.1 Geräte-Typ 1

Der Geräte-Typ 1 hat den höchsten Integrationslevel. Typisch sind bereits entwickelte (en: pre-designed) Sicherheitsgeräte mit integrierter Diagnose. Dieser Typ ist im Rahmen der bestimmungsgemäßen Verwendung SIL- oder PL-klassifiziert. Die Klassifizierung wird vom Gerätehersteller angegeben. Geräte dieses Typs sind gemäß Sicherheitsnormen (zum Beispiel IEC 61508) entwickelt.

Anmerkung 1 Beispiele für Geräte-Typ 1: Sicherheitslichtvorhang, Sicherheitslichtgitter, Komponenten sicherheitsgerichteter Steuerungen, sichere Antriebe/Antriebsfunktionen, Sicherheitsschaltgeräte

Anmerkung 2 Die Kenngrößen können von weiteren anwendungsspezifischen Daten (zum Beispiel Begrenzung der maximalen Schalthäufigkeit) abhängen.

4.2 Geräte-Typ 2

Zur Bewertung einer Sicherheitsfunktion durch den Anwender sind zusätzliche Anwendungsdaten (Schaltungsstruktur, Diagnosedeckungsgrad (DC) und die Betrachtung der Ausfälle infolge gemeinsamer Ursache (CCF)) erforderlich.
Geräte dieses Typs sind nicht zwangsläufig nach Sicherheitsnormen entwickelt, was einen Einsatz nach ISO 13849-1 oder IEC 62061 aber nicht ausschließt.

Anmerkung Beispiele für Geräte-Typ 2: nicht-sicherheitsgerichtete Elektronik, zum Beispiel Operationsverstärker, Näherungsschalter, Drucksensor, Hydraulikventil

Anmerkung

Der Begriff „Gerät" steht stellvertretend für: Bauteil, Komponente, Teilsystem, Teilsystem-Element oder sicherheitsbezogenes Teil einer Steuerung (SRP/CS).

Fortsetzung Erläuterungen (Auszug aus dem VDMA-Einheitsblatt 66413)

4.3 Geräte-Typ 3

Geräte-Typ 3 sind Geräte mit einem Ausfallverhalten, das von der Schalthäufigkeit abhängig ist. Zur Bewertung einer Sicherheitsfunktion durch den Anwender sind zusätzliche Anwendungsdaten (Schalthäufigkeit, Betätigungshäufigkeit, Schaltungsstruktur, Diagnosedeckungsgrad (DC) und die Betrachtung der Ausfälle infolge gemeinsamer Ursache (CCF)) erforderlich.

Geräte dieses Typs sind nicht zwangsläufig nach Sicherheitsnormen entwickelt, was einen Einsatz nach ISO 13849-1 oder IEC 62061 aber nicht ausschließt.

Anmerkung Beispiele für Geräte-Typ 3: verschleißbehaftete elektromechanische Komponenten, zum Beispiel Leistungsschütze, Schalter, Pneumatikventile, Verriegelungseinrichtungen, Befehlsgeräte

4.4 Geräte-Typ 4

Geräte-Typ 4 ist ein Sonderfall des Geräte-Typs 1. Dieser Geräte-Typ erscheint nicht in Abschnitt 5 des VDMA-Einheitsblatts, da es für diesen Typ keine Gefahr bringenden zufälligen Ausfälle gibt, das heißt die Wahrscheinlichkeit des Gefahr bringenden Ausfalls $PFH_D = 0$ (nicht nur sehr klein). Bei Komponenten dieses Typs gilt für jeden möglichen Fehler entweder:

- *ein Fehlerausschluss gemäß IEC 62061 bzw. ISO 13849-2*

oder

- *ein Fehler führt immer zum sicheren Zustand.*

Sofern strukturelle Anforderungen (siehe IEC 62061, Kapitel 6.7.7.2) oder andere Betrachtungen eine Beschränkung der alleinigen (einkanaligen) Verwendung vorsehen, ist die Angabe eines maximal erreichbaren PL und SIL für die einkanalige Verwendung erforderlich.

Um die oben genannten Aussagen treffen zu können, ist eine Bewertung der Geräte gemäß Sicherheitsnormen (zum Beispiel IEC 61508) erforderlich. ...„

6.4 Kennwerte auf Basis der Geräte-Typen

Eine schöne praktische Zusammenfassung der wichtigen (Rechen-)Kennwerte der beiden Normen zeigt **Tabelle 6.1**.

Kennwert	Geräte-Typ (DeviceTyp)				Kommentar
	1	2	3	4	
PL	×			×	ISO 13849-1
SIL CL	×			×	IEC 62061
PFH_D	×				ISO 13849-1 und IEC 62061
Kategorie	×			×	ISO 13849-1
$MTTF_D$		×			ISO 13849-1 und IEC 62061
λ_D		×			Genau einer der Kennwerte ist erforderlich, Vorzugsweise der $MTTF_D$.
$MTTF$		×			
$MTBF$		×			
RDF		o	o		ISO 13849-1 und IEC 62061
B_{10D}			×		ISO 13849-1 und IEC 62061
B_{10}			×		Genau einer der Kennwerte ist erforderlich. Vorzugsweise der B_{10D}-Wert.
$T_M = T_1$	×	×	×	×	ISO 13849-1 und IEC 62061
Anmerkung: × = Muss-Feld, Angabe erforderlich; o = Kann-Feld, Angabe optional (anwendungsspezifisch)					

Tabelle 6.1 Relevante Daten in der Funktionalen Sicherheit: die VDMA-Geräte-Typen

RDF basiert auf der englischen Abkürzung: Ratio of Dangerous Failure, zu deutsch: Anteil Gefahr bringender Ausfälle. Dieser Begriff ist noch nicht in den beiden Normen zu finden: Die Hersteller von Komponenten, z. B. Schützen, geben diesen Wert aber an, da dieser in der Produktnorm hinterlegt und gefordert wird.

6.5 Austausch elektronischer Daten für alle lesbar – XML soll helfen

Excel ist gut, XML ist besser

Im Abschnitt 6 des VDMA-Einheitsblatts 66413 wird auf Basis von XML ein Format definiert, das seinesgleichen hinsichtlich Einfachheit und Erweiterbarkeit sucht (**Bild 6.2**).

Main-Entity **VDMA66413** Version CRC32		

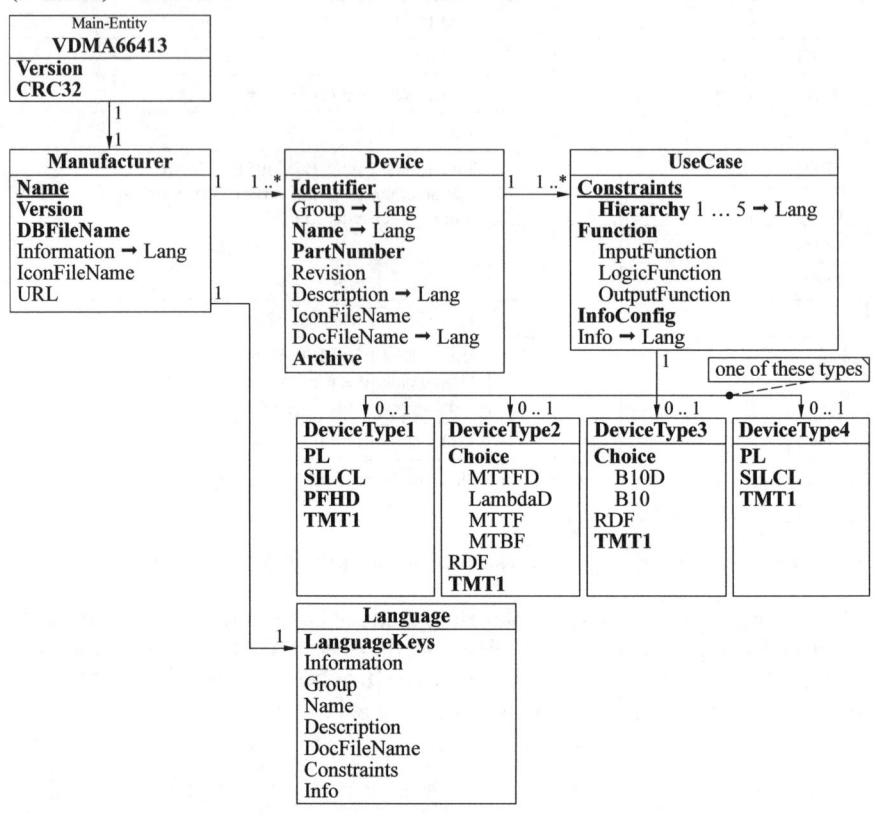

Manufacturer	**Device**	**UseCase**
Name **Version** **DBFileName** Information → Lang IconFileName URL	**Identifier** Group → Lang Name → Lang **PartNumber** Revision Description → Lang IconFileName DocFileName → Lang **Archive**	**Constraints** **Hierarchy** 1 … 5 → Lang **Function** InputFunction LogicFunction OutputFunction **InfoConfig** Info → Lang

one of these types

DeviceType1	**DeviceType2**	**DeviceType3**	**DeviceType4**
PL **SILCL** **PFHD** **TMT1**	**Choice** MTTFD LambdaD MTTF MTBF RDF TMT1	**Choice** B10D B10 RDF TMT1	**PL** **SILCL** **TMT1**

Language
LanguageKeys Information Group Name Description DocFileName Constraints Info

Bild 6.2 VDMA-Einheitsblatt 66413: XML-Datenstruktur der Kennwert-Bibliothek

> **Hinweis**
>
> Mit XML hat man sich bewusst gegen Excel von Microsoft entschieden, weil damit langfristig Erweiterungen möglich sind und weil dieses Format mit vielen Software-Tools verarbeitet werden kann – dies war der Wunsch der Maschinenhersteller!

„... Die Informationen werden wie folgt strukturiert (siehe Bild 6.2):
- *VDMA 66413 (Main-Entity) – Angaben zum Datenbasis-Format (siehe 6.2),*
- *Manufacturer – Angaben zum Gerätehersteller (siehe 6.3),*
- *Device – Angaben zum Gerät (siehe 6.4.1),*
- *UseCase – Angaben zum Anwendungsfall (siehe 6.4.2),*
- *DeviceType1 ... 4 – Kennwerte (siehe 6.4.3),*
- *Language – Sprachtexte (siehe 6.5) ..."*

6.6 Erläuterungen zu einigen wichtigen Kennwerten

Obwohl das VDMA-Einheitsblatt 66413 sehr offen alle Kennwerte beschreibt, so möchte ich doch zu dem einen oder anderen Kennwert ein paar weiterführende Informationen geben.

6.2.2
VDMA66413.CRC32

Die Prüfsumme soll helfen, (elektronische) Datenverfälschungen der Datei zu erkennen. Die Aufdeckung einer Manipulation der Kennwerte ist nicht gewollt und auch nicht zielführend. Durch andere Werte in der XML-Datei kann eine Manipulation immer aufgedeckt werden.

6.3.1
VDMA66413.Manufacturer.Name

Der Hersteller wird immer eine Firma sein: Sie haftet für die Angaben. Wenn ein Integrator eine XML-Datei mit Produkten von verschiedenen Herstellern erstellen möchte, dann liegt das in der Verantwortung des Integrators, jedoch nicht mehr in der des Herstellers.

6.3.3
VDMA66413.Manufacturer.DBFileName

Dieses Merkmal hilft dem Hersteller eines Geräts, eine Nachverfolgung sicherzustellen und einer Manipulation auf die Schliche zu kommen.

6.4.1.1
VDMA66413.Device.Identifier

Eindeutige Identifizierung des Geräts. Device.Identifier wird vom Gerätehersteller vergeben. Device.Identifier muss sich ändern, wenn Device.PartNumber oder Device.Revision sich ändern.

Anmerkung 1: Device.Identifier sollte gebildet werden aus Device.PartNumber oder Device.Revision.

Anmerkung 2: Device.Identifier eines Geräts sollte in nachfolgenden Bibliotheksversionen beibehalten werden, um Aktualisierungen von Kennwerten zu ermöglichen.

Anmerkung 3: Wenn in die Bestellnummer bereits Versionsänderungen einfließen, dann kann der Identifier gleich der Bestellnummer sein.

Wenn eine Bestellnummer für unterschiedliche Geräteversionen gilt, darf der Identifier nicht gleich der Bestellnummer sein. In diesem Fall müssen die unterschiedlichen Geräteversionen in den Identifier einfließen.

Anmerkung 4: Die eindeutige Identifizierung der Kennwertsätze ist in 6.1.2 beschrieben.

Dieser Kennwert hat eine zentrale Bedeutung!

Idealerweise entspricht dieser der Bestellnummer des Herstellers des Geräts: Mit dieser Gerätekennung ist ein Gerät, das irgendwann einmal in Verkehr gebracht wurde, sein Leben lang identifizierbar. Alle sprachenabhängigen Kennwerte orientieren sich an dieser Kennung. Er allein erlaubt es, dass sicherheitstechnische Kennwerte angepasst werden können, falls der Hersteller eine Notwendigkeit darin sieht und trotzdem das Gerät weiterhin eindeutig bleibt.

Da jedoch nicht alle Hersteller über die Bestellnummer jede Änderung dokumentieren können oder wollen, gibt es zusätzlich dazu die Kennwerte „Device.PartNumber" und „Device.Revision". Diese können auch als Basis zur Bildung des „Device.Identifier" genutzt werden.

6.4.1.9
VDMA66413.Device.Archive

Kennzeichnet Archivdaten. Gerät ist nicht mehr lieferbar und sollte bei der Neu-Projektierung nicht mehr verwendet werden. Dies ist beispielsweise hilfreich, um das Gerät im Berechnungstool ausblenden zu können, ohne es löschen zu müssen:

- Wenn Device.Archive = false (default), ist das Gerät vom Berechnungstool zur Auswahl anzuzeigen.

- Wenn Device.Archive = true, sind die Kennwertsätze des Geräts noch gültig; das Gerät sollte aber vom Berechnungstool nicht mehr zur Auswahl gebracht werden.

Anmerkung: Unabhängig vom Status Device.Archive werden beim Einlesen einer neuen Kennwert-Bibliothek in das Berechnungstool alle Kennwertsätze des Geräts aktualisiert.

Dieses Bit erlaubt auf einfache Art und Weise zu erkennen, ob das Gerät aktuell oder aber in der Auslaufphase aus Sicht des Geräteherstellers ist.

6.4.2.1
VDMA66413.UseCase.Constraints.Hierarchy1 ... Hierarchy5

Ein und dasselbe Gerät kann verschiedene Kennwertsätze haben. Mit den „Constraints"-Kennwerten kann diesen Anwendungsfällen (als Kennwertsätze) Rechnung getragen werden. In der Regel reicht die erste Hierarchie 1 aus, um verschiedene Anwendungsfälle abzubilden. Erst wenn eine Abhängigkeit zwischen verschiedenen Auswahlkriterien erforderlich wird, dann ist die Verwendung der Hierarchie 2 bis 5 sinnvoll. Wichtig ist: Ein Gerät kann verschiedene Anwendungsfälle haben, z. B. eine digitale Eingangsbaugruppe kann einkanalig oder zweikanalig verwendet werden und deshalb sind zwei Kennwertsätze für dasselbe Gerät notwendig.

6.4.2.3
VDMA66413.UseCase.InfoConfig

Gibt die Kategorie (Architektur) nach ISO 13849-1 des Geräts (intern) an und dient zur Dokumentation der Sicherheitsfunktion (z. B. für C-Normen).

Diese Kategorie kann unterschiedlich von der Kategorie des an diesem Gerät verdrahteten SRP/CS oder Teilsystems sein; d. h., je nach externer Beschaltung kann die Kategorie des Geräts (intern) unterschiedlich sein.

Ein Kompromiss. Die Kategorie eines Geräts ist aus Sicht des Anwenders irrelevant. Die DIN EN ISO 13849-1 fordert zu Unrecht undifferenziert immer diese Angabe. Den Geräteherstellern ist aber auch bewusst, wie diese Angabe fälschlicherweise durch den Anwender verstanden wird. Deshalb wurde diese Angabe auch bewusst „InfoConfig" genannt, weil es eine zusätzliche und freiwillige Angabe des Geräteherstellers ist, damit die Anforderungen der DIN EN ISO 13849-1 erfüllt werden:

Die „interne" Kategorie des Geräts hat nichts mit der „externen" Kategorie, die mit dem Gerät erreicht werden soll, zu tun.

Hinweis

Die DIN EN ISO 13849-1 fordert die Angabe einer Kategorie nur deshalb undifferenziert, weil damit sichergestellt werden soll, dass in den C-Normen die Kategorie 2 Lösungen für einen PL d explizit mit dieser Angabe verboten werden können. Man möchte den Missbrauch der Norm vorbeugen. Wenn man diesen Hintergrund kennt, dann kann man vielleicht den Antrieb der Normensetzer nachvollziehen – nicht aber diese mangelnde Differenzierung an sich.

7 Beispiele, die helfen sollen

7.1 Architekturen im Überblick

Tabelle 7.1 fasst die sinnvolle Anwendung der Architekturen und den damit erreichbaren SIL oder PL zusammen. Dadurch wird ein Missbrauch vermieden und die eigentlichen Schutzziele wieder in den Vordergrund gestellt.

Hardware-Aufbau		Diagnose (ja/nein)	Erreichbare Sicherheitsintegrität	
Architektur[5] (IEC 62061)	Kategorie (ISO 13849-1)		SIL CL (IEC 62061)	PL (ISO 13849-1)
einkanalig	B	nein	SIL 1	PL a bis PL b [1]
einkanalig	1	nein	SIL 1	PL c [2]
	2	ja	SIL 1 bis SIL 2 [3]	PL a bis PL d [3]
zweikanalig	3	ja	SIL 1 bis SIL 2	PL b bis PL d
	4	ja	SIL 1 bis SIL 3	PL e [4]

Anmerkungen:
[1] Es bestehen keine Anforderungen in der IEC 62061, die vergleichbar wären mit einem PL a der ISO 13849-1, da das Schadensausmaß als nicht relevant eingestuft wird.
[2] PL a und PL b sind nicht abgebildet und müssen über Kategorie B betrachtet werden, wenn die Ausfallrate nicht die Anforderungen der Kategorie 1 erfüllt.
[3] Fehlerausschlüsse bzw. mögliche Fehleranhäufungen führen zwangsläufig zu einer Einschränkung auf SIL 2 bzw. PL d.
SIL 2 bzw. PL d sind grundsätzlich nur mit einer geeigneten Fehlerreaktion erreichbar, wenn die geforderte Reaktionszeit gemäß der Risikobeurteilung vertretbar ist, sodass eine Gefährdung noch rechtzeitig vermieden werden kann.
[4] PL b bis PL d sind nicht abgebildet und müssen über Kategorie 3 betrachtet werden, wenn die Ausfallraten nicht die Anforderungen der Kategorie 4 erfüllen.
[5] Einkanalig entspricht einer Hardware-Fehlertoleranz von 0 ($HFT = 0$), zweikanalig entspricht einer Hardware-Fehlertoleranz von 1 ($HFT = 1$).

Tabelle 7.1 Architekturen und erreichbare Sicherheitsintegrität

Nachfolgend sollen einige prägnante Beispiele aufgezeigt werden, die im Alltag oft Verwendung finden.

7.2 Einkanalig ohne Testung

Der Sensor I1 kann nicht getestet werden. Der Aktor Q1 kann dagegen grundsätzlich durch die Logik L getestet werden, weil durch einen Signalwechsel bei I1 auch ein Signalwechsel bei Q1 erwartet wird (**Bild 7.1**).

Diese Testung ist aber nur dann wirksam, wenn auch eine Fehlerreaktion im Fehlerfall eingeleitet würde: Wie hier dargestellt, ist die Anzeige mittels einer Signalisierung nicht ausreichend und somit auch qualitativ nicht zu berücksichtigen. Früher wurde dies noch als eine Kategorie 2 nach EN 954-1 eingestuft. Heute sagt man zu Recht, dass eine wirksame Fehlerreaktion erfolgen muss – eine Signalisierung zählt nicht dazu.

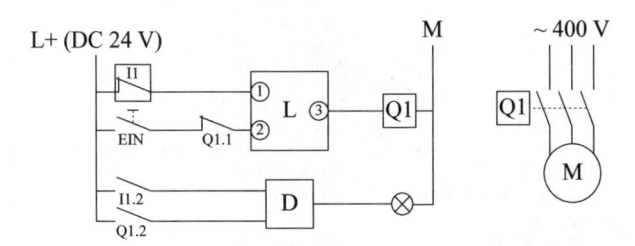

Bild 7.1 Logische Darstellung – einkanalig ohne Testung

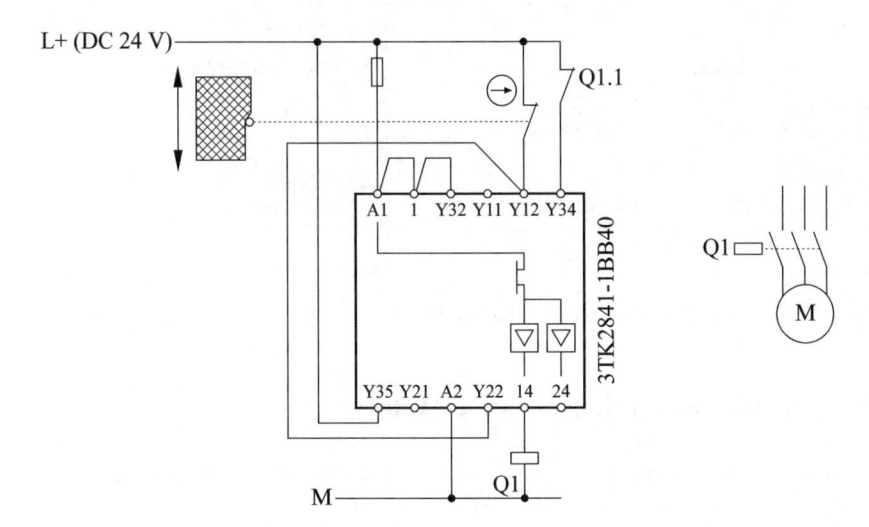

Bild 7.2 Realisierung – einkanalig ohne Testung

Das Sicherheitsschaltgerät erlaubt im Fehlerfall des Leistungsschützes K1 keinen Wiederanlauf (**Bild 7.2, Tabelle 7.2**).

Erfassen	Auswerten	Reagieren
einkanalig/Kategorie 1		einkanalig/Kategorie 1
$DC = 0\,\%$ (je Kanal)		$DC = 0\,\%$ (je Kanal)
CCF irrelevant		CCF irrelevant
$T_1 = 20$ Jahre	$T_1 = 20$ Jahre	$T_1 = 20$ Jahre
$B_{10} = 100\,000$		$B_{10} = 1\,000\,000$
Anteil Gefahr bringender Ausfälle 20 %		Anteil Gefahr bringender Ausfälle 75 %
$B_{10D} = 500\,000$		$B_{10D} = 1\,333\,333$
Betätigungszyklus einmal/Woche		Betätigungszyklus einmal/Woche
IEC 62061: SIL CL = SIL 1 ISO 13849-1: PL c $SFF = 0\,\%$	IEC 62061: SIL CL = SIL 1, SIL 2 oder SIL 3 ISO 13849-1: PL c, PL d oder PL e	IEC 62061: SIL CL = SIL 1 ISO 13849-1: PL c $SFF = 0\,\%$
$\lambda_D = 1{,}19 \cdot 10^{-9}$ $MTTF_D = 95\,890$ Jahre		$\lambda_D = 4{,}46 \cdot 10^{-10}$ $MTTF_D = 255\,707$ Jahre
IEC 62061: $PFH_D = 1{,}19 \cdot 10^{-9}$ ISO 13849-1: $PFH_D = 1{,}14 \cdot 10^{-6}$	IEC 62061 und ISO 13849-1 PFH_D = abhängig von dem ausgewählten Produkt	IEC 62061: $PFH_D = 4{,}46 \cdot 10^{-10}$ ISO 13849-1: $PFH_D = 1{,}14 \cdot 10^{-6}$

Tabelle 7.2 SIL 1 nach IEC 62061 und PL c nach ISO 13849-1

7.3 Zweikanalig mit geringer Testung

Die Qualität der Testung drückt sich mit dem Diagnosedeckungsgrad aus: Eine geringe Testung ist mit 60 % Fehleraufdeckung gegeben.

Rein formal kann in der logischen Darstellung eine hohe Testung angenommen werden, je nachdem, was die Logik aufdecken kann.

Durch eine mangelnde Querschlusserkennung wird fälschlicherweise eine geringere Diagnosefähigkeit angenommen: In Wirklichkeit ist die elektrische Sicherheit nicht Teil der Diagnosefähigkeit, sondern Teil der systematischen Integrität. Das heißt, die Verdrahtung kann so ausgelegt werden, dass grundsätzlich ein Fehler hinsichtlich eines Querschlusses ausgeschlossen werden kann und die Logik diesen Fehler auch nicht aufdecken muss.

Andererseits wird damit auch eine Begrenzung der erreichbaren Sicherheitsintegrität erreicht: SIL 3 oder PL e ist so niemals erreichbar. Dies ist eine konservative Annahme, die in der Praxis auch so realisiert wird. Insofern ist die Begrenzung der Diagnosefähigkeit zum Vorteil des gewünschten Schutzziels.

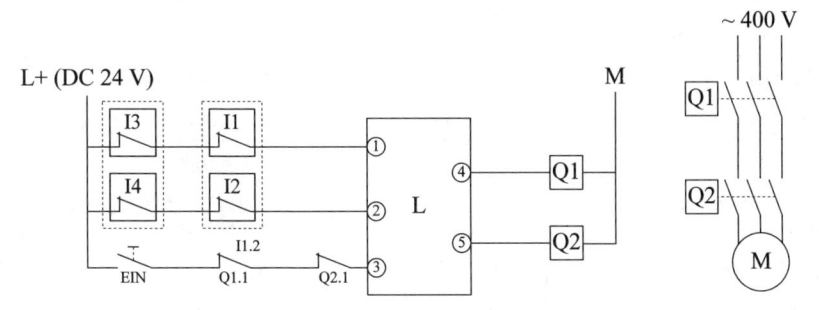

Bild 7.3 Logische Darstellung – zweikanalig mit geringer Testung

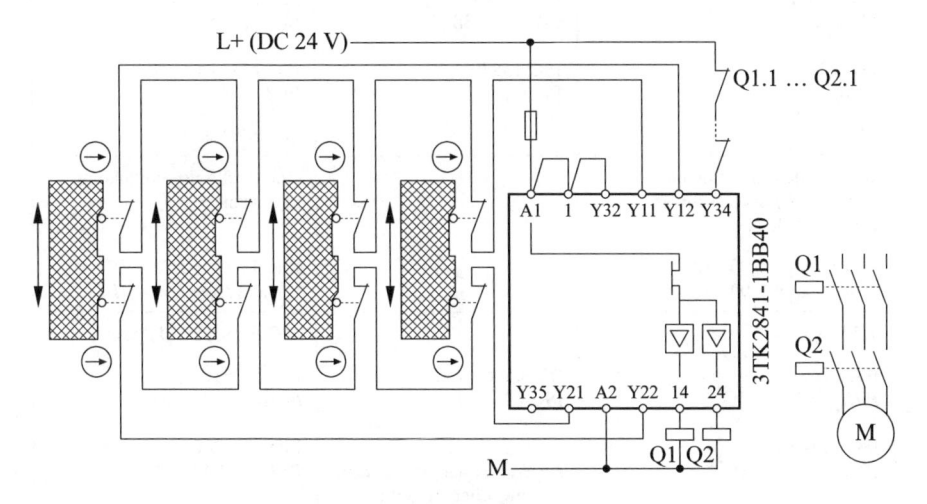

Bild 7.4 Realisierung – zweikanalig mit geringer Testung

Es wird bei dieser Realisierung (**Bild 7.4, Tabelle 7.3**) davon ausgegangen, dass in der Regel nur eine Schutztüre allein geöffnet wird: Wenn zwei oder mehr Bediener sich über diese Schutztüren Zugang zu einem Sicherheitsbereich verschaffen würden, dann ist diese Lösung nicht wegen einer möglichen Fehleranhäufung zu empfehlen. Die maximal erreichbare Sicherheitsintegrität ist SIL 2 oder PL d.

Wenn SIL 3 oder PL e erreicht werden soll, dann muss jede Schutztür, unabhängig von den anderen Schutztüren, für sich allein überwacht und ausgewertet werden – so die gängige Praxis.

Erfassen	Auswerten	Reagieren
zweikanalig/Kategorie 3		zweikanalig/Kategorie 4
DC = 90 % (je Kanal)		DC = 99 % (je Kanal)
CCF-Faktor = 10 %		CCF-Faktor = 5 %
T_1 = 20 Jahre	T_1 = 20 Jahre	T_1 = 20 Jahre
B_{10} = 1 000 000		B_{10} = 1 000 000
Anteil Gefahr bringender Ausfälle 20 %		Anteil Gefahr bringender Ausfälle 75 %
B_{10D} = 5 000 000		B_{10D} = 1 333 333
Betätigungszyklus einmal/Stunde		Betätigungszyklus einmal/Stunde
IEC 62061: SIL CL = SIL 2	IEC 62061: SIL CL = SIL 3	IEC 62061: SIL CL = SIL 3
ISO 13849-1: PL d	ISO 13849-1: PL e	ISO 13849-1: PL e
SFF = 90 %		SFF = 99 %
strukturelle Einschränkung: ja, wegen Fehlerausschluss getrennter Betätiger		strukturelle Einschränkung: irrelevant
Kanal 1 λ_D = 2,00 · 10^{-8} Kanal 2 λ_D = 2,00 · 10^{-8}		Kanal 1 λ_D = 7,50 · 10^{-8} Kanal 2 λ_D = 7,50 · 10^{-8}
$MTTF_D$ = 5 707 Jahre		$MTTF_D$ = 1 522 Jahre
IEC 62061: PFH_D = 2,00 · 10^{-9}	IEC 62061 und ISO 13849-1	IEC 62061: PFH_D = 3,75 · 10^{-9}
ISO 13849-1: PFH_D = 4,29 · 10^{-8}	PFH_D = abhängig von dem ausgewählten Produkt	ISO 13849-1: PFH_D = 2,47 · 10^{-8}

Tabelle 7.3 SIL 2 nach IEC 62061 und PL d nach ISO 13849-1

Achtung: Sollten die Leistungsschütze auch betriebsmäßig geschaltet werden, dann ist dieses Betätigungsintervall anzusetzen! Die Anforderungen zur zeitlichen Fehleraufdeckung müssen berücksichtigt werden, sodass es nicht grundsätzlich zu einer Fehleranhäufung während des betriebsmäßigen Schaltens kommen kann. Ist dies nicht gegeben, dann muss das betriebsmäßige Schalten anders realisiert werden.

7.4 Zweikanalig mit hoher Testung

Wir reden von einer hohen Testung oder einem hohen Diagnosedeckungsgrad, wenn DC größer oder gleich 99 % angenommen werden kann. Dies wird durch eine zweikanalige Architektur erreicht: Die Logik kann jeden Kanal überwachen und somit einen Wiederanlauf im Fehlerfall verhindern. Durch die Zweikanaligkeit wird im Fehlerfall immer ein sicherer Zustand erreicht, weil man grundsätzlich in den beiden Normen von einem einzelnen Fehler ausgeht und niemals von einem Doppelfehler.

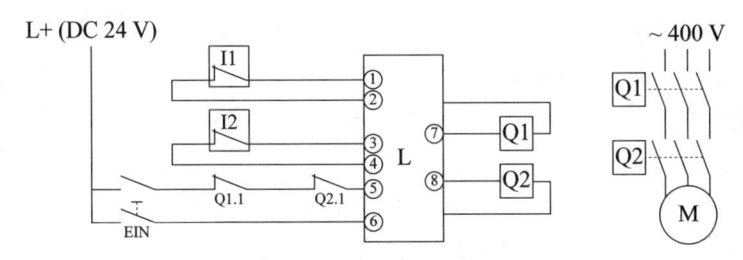

Bild 7.5 Logische Darstellung – zweikanalig mit hoher Testung

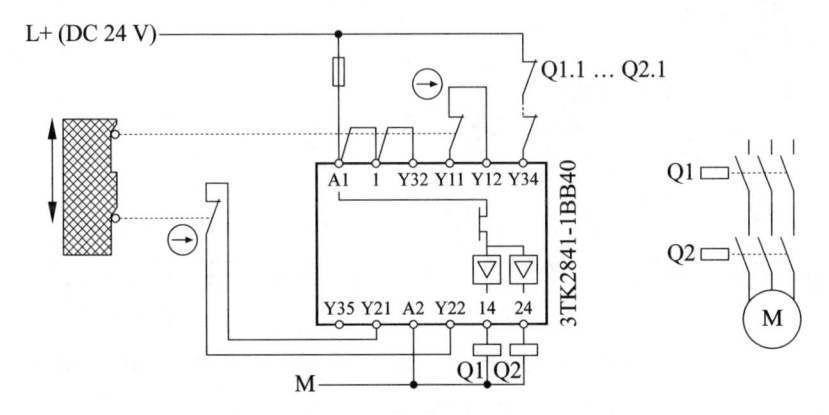

Bild 7.6 Realisierung – zweikanalig mit hoher Testung

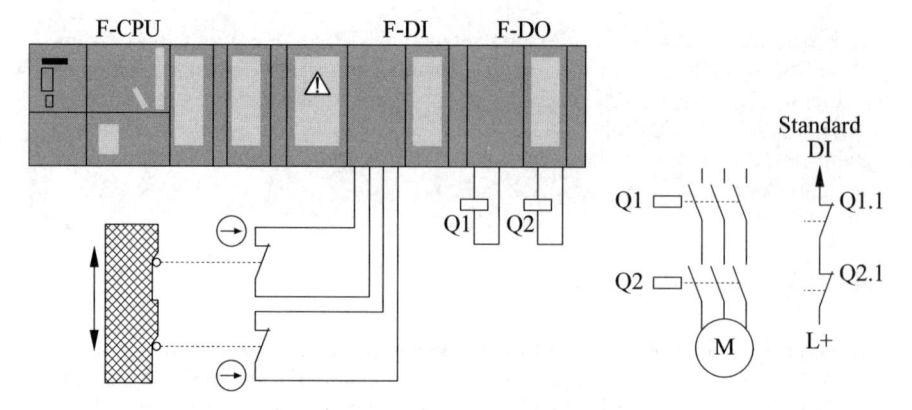

Bild 7.7 Realisierung (2) – zweikanalig mit hoher Testung

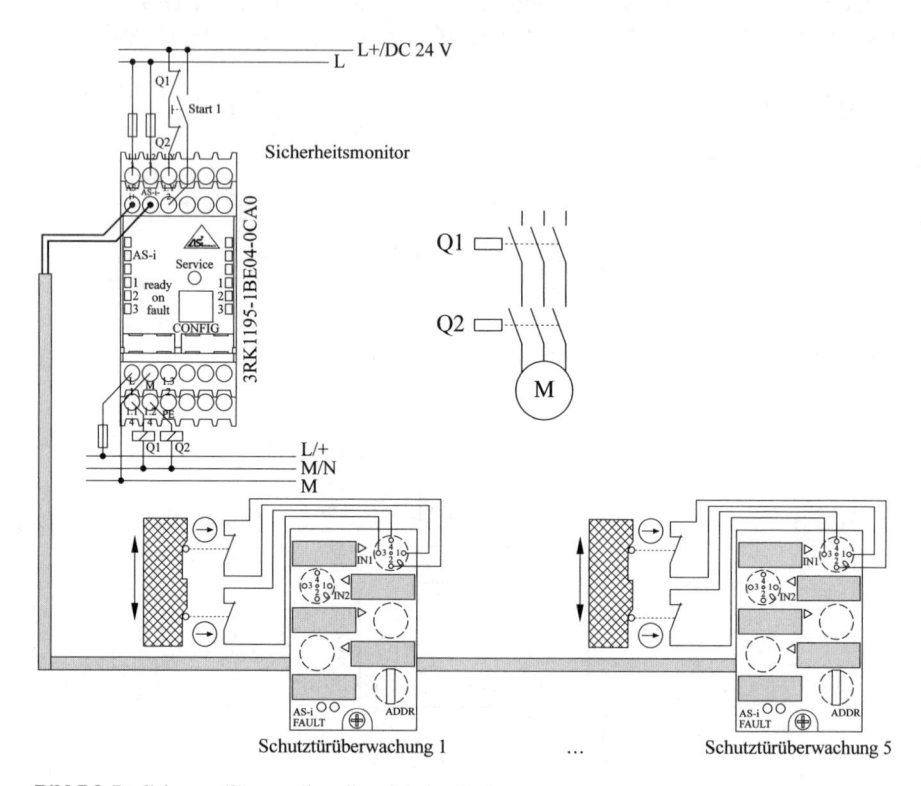

Bild 7.8 Realisierung (3) – zweikanalig mit hoher Testung

Schutztürüberwachung 1 ... Schutztürüberwachung 5

86

Erfassen	Auswerten	Reagieren
zweikanalig/Kategorie 4		zweikanalig/Kategorie 4
$DC = 99\ \%$ (je Kanal)		$DC = 99\ \%$ (je Kanal)
CCF-Faktor = 5 %		CCF-Faktor = 5 %
$T_1 = 20$ Jahre	$T_1 = 20$ Jahre	$T_1 = 20$ Jahre
$B_{10} = 100\,000$		$B_{10} = 1\,000\,000$
Anteil Gefahr bringender Ausfälle 20 %		Anteil Gefahr bringender Ausfälle 75 %
$B_{10D} = 500\,000$		$B_{10D} = 1\,333\,333$
Betätigungszyklus einmal/Woche		Betätigungszyklus einmal/Woche
IEC 62061: SIL CL = SIL 3	IEC 62061: SIL CL = SIL 3	IEC 62061: SIL CL = SIL 3
ISO 13849-1: PL e	ISO 13849-1: PL e	ISO 13849-1: PL e
$SFF = 99\ \%$		$SFF = 99\ \%$
$\lambda_{D1} = 1{,}19 \cdot 10^{-9}$ $\lambda_{D2} = 1{,}19 \cdot 10^{-9}$		$\lambda_{D1} = 4{,}46 \cdot 10^{-10}$ $\lambda_{D2} = 4{,}46 \cdot 10^{-10}$
$MTTF_{D1} = 95\,890$ Jahre $MTTF_{D2} = 95\,890$ Jahre		$MTTF_{D1} = 255\,707$ Jahre $MTTF_{D2} = 255\,707$ Jahre
IEC 62061: $PFH_D = 5{,}95 \cdot 10^{-11}$	IEC 62061 und ISO 13849-1	IEC 62061: $PFH_D = 2{,}23 \cdot 10^{-11}$
ISO 13849-1: $PFH_D = 2{,}47 \cdot 10^{-8}$	PFH_D = abhängig von dem ausgewählten Produkt	ISO 13849-1: $PFH_D = 2{,}47 \cdot 10^{-8}$

Tabelle 7.4 SIL 3 nach IEC 62061 und PL e nach ISO 13849-1

Achtung: Sollten die Leistungsschütze auch betriebsmäßig geschaltet werden, dann ist dieses Betätigungsintervall anzusetzen! Die Anforderungen zur zeitlichen Fehleraufdeckung müssen berücksichtigt werden, sodass es nicht grundsätzlich zu einer Fehleranhäufung während des betriebsmäßigen Schaltens kommen kann. Ist dies nicht gegeben, dann muss das betriebsmäßige Schalten anders realisiert werden.

8 Ausblick

Zahlen sind nicht alles auf dieser Welt – Rechnen ist doch nicht so wichtig. Konstruieren ist wichtiger

Das Sich-Zurückbesinnen auf die qualitativen Aspekte hat mehrere Ursachen. Zum einen werden die Zahlen und Fakten im Umfeld der Wahrscheinlichkeitsbetrachtungen überbewertet. Die meisten Anwendungen, also Sicherheitsfunktionen, erreichen rein rechnerisch meistens die gefordert niedrigen Wahrscheinlichkeiten. Hier liegt selten das Problem der erreichbaren Sicherheitsintegrität. Im Gegenteil: Was früher eine „gute Kategorie" war, bleibt auch heute noch eine.

Problematisch sind der Entwurfsprozess und die dann davon abgeleitet technischen Schutzmaßnahmen in Gänze. Im Entwurf werden systematische Fehler gemacht, z. B.:

- Verwendung falscher Komponenten,
- Missachtung des Ruhestromprinzips,
- das sich Fokussieren auf Sicherheitsfunktionen, die gar keine sind,
- Auswahl einer fragwürdigen Architektur, bezogen auf die Applikation, mit dem Ziel, bestehende Lösungen schönzureden – das haben wir schon immer so gemacht,
- zweikanalig als überdimensioniert zu empfinden, obwohl der Kostenmehraufwand heutzutage bei Weitem nicht mehr mit früher vergleichbar ist,
- Unterschätzung des Manipulationsgedankens von Sicherheitsfunktionen,
- Nichtbeachtung der Wartungsintervalle und der sich daraus ergebenden Sicherheitsfunktionen und organisatorischen Maßnahmen,
- das Änderungsmanagement – ist das, was auch angedacht war, auf der Baustelle während der Inbetriebsetzung umgesetzt oder gar verändert worden?
- …

Eine neue Norm muss her – nur gemeinsam sind wir stark

IEC und ISO werden das schaffen: Aus zwei mach eins.

Die Tatsache für sich allein, dass es überhaupt für den Anwender, also den Maschinenhersteller, zwei Normen zur Auswahl gibt, ist unlogisch und nicht nachvollziehbar. Dass es historische Wurzeln für diese unschöne Situation gibt, ist jedoch nachvollziehbar und auch legitim.

Langfristig ist dieser Zustand aber für den Anwender nicht tragbar und bedarf einer Verbesserung.

Das wurde durch die beiden Normungsorganisation IEC und ISO erkannt. Deshalb gibt es eine Joint Working Group zwischen IEC und ISO, die nach dem Mode 5 der Regularien gemeinsam an einer Zusammenführung der beiden Normen arbeitet.

Es wird etwas Neues kommen, und es kann für Sie als Anwender nur besser werden.

9 Terminologie

Allgemeine Erläuterungen zu den Normen

AK (WG)	Arbeitskreis in Deutschland (Working Group)
EN	Europäische Norm (gilt für alle europäischen Länder)
DIN EN	Deutsches Institut für Normung, Übersetzung der entsprechend EN in die Landessprache Deutsch, gilt somit auch für alle europäischen Länder
DIN IEC	nationale Übernahme einer IEC-Norm, die nicht zur europäischen Norm erklärt worden war (ist die IEC-Norm zur europäischen Norm erklärt, wird deren deutsche Fassung mit DIN-EN-Nummer ohne die Buchstabenfolge IEC veröffentlicht)
DIN ISO	nationale Übernahme einer ISO-Norm, die nicht zur europäischen Norm erklärt worden war (ist die ISO-Norm zur europäischen Norm erklärt, wird deren deutsche Fassung mit DIN-EN-ISO-Nummer veröffentlicht, also inklusive der Buchstabenfolge ISO)
DIN VDE	DIN-Norm mit VDE-Klassifikation. Eine reine DIN-VDE-Nummer ohne zusätzliche Buchstaben wie EN, ISO oder IEC hinter der DIN-Nummer steht für eine rein nationale sicherheitsrelevante deutsche Norm im Bereich der Elektrotechnik, Elektronik, Informationstechnik oder Anwendungen davon – oder für eine modifizierte Übernahme einer IEC-Norm, die nicht zur europäischen Norm erklärt worden war (letzteres ist in den Identitätsvermerken unterhalb des Normtitels ersichtlich)
IEC	International Electrotechnical Commission, vorwiegend für Normen von elektrotechnischen Technologien verantwortlich, wie elektronischen und elektrischen Systemen (aber auch z. B. für Schütze)
ISO	International Organisation for Standardization, vorwiegend für Normen von nicht elektrotechnischen Technologien verantwortlich
pr	project, zeigt den Entwurfsstatus einer Norm

Beispiel:
prEN ISO 13849-1
→ Ein Normentwurf prEN ISO 13849-1, den die ISO vorschlägt und in den nationalen Gremien berät, und der nach Verabschiedung zur Norm EN ISO 13849-1 wird.

Erläuterungen zum Gebrauch

Im ersten Teil sind die Seiten mit Begriffserklärungen alphabetisch aufgebaut:

Begriff, alphabetisch geordnet	Betroffene andere Begriffe, Referenzen oder ein Anhang	betroffene Normen

↓ ↓ ↓

Zuhaltung *Positionsschalter* **DIN EN ISO 13855**

Ziel einer Zuhaltungseinrichtung ist es eine trennende Schutzeinrichtung in der geschlossenen Position zu halten und die außerdem so mit der Steuerung verbunden ist, dass die Maschine nicht laufen kann, wenn die Schutzeinrichtung nicht geschlossen und zugehalten ist und die trennende Schutzeinrichtung so lange zugehalten bleibt, bis das Verletzungsrisiko aufgehoben ist.

Anmerkung: Die Ansteuerung der Zuhaltung muss bis Kategorie 3 nach DIN EN ISO 13849-1 nicht sicher erfolgen, bei Kategorie 4 nach DIN EN ISO 13849-1 muss diese jedoch immer sicher sein. Die Stellungsüberwachung der Verriegelungseinrichtung (Magnet) muss ab Kategorie 3 nach DIN EN ISO 13849-1 einzeln erfolgen, nicht in Reihe geschaltet mit der Überwachung des getrennten Betätigers (wegen der Fehleraufdeckung).

Definition des Begriffs   **weiterführende Anmerkung**

AOPD   *Sicherheitsbauteil, BWS*   **DIN EN ISO 12100**
AOPDDR

Active optoelectronic protection device responsive to diffuse reflection

Aktor   *Zwangsgeführte Kontakte*

Stellglied, z. B. Motor, Ventil, Signalleuchten, Relais, Motorschütze mit zwangsgeführten Kontakten usw.

Anforderungsklasse   *Kategorien*   **(nicht mehr gültig) DIN 19250**

Die Zuordnung von Anforderungen für die Realisierung der Schutzeinrichtung, die zu einer dem Risiko angemessenen sicherheitsbezogenen Leistungsfähigkeit der Einrichtung führen sollen. Die Anforderungsklasse ergibt sich aus dem Produkt des Schadensausmaßes und der Eintrittswahrscheinlichkeit.

Anlaufsperre *Sicherheitsschaltgerät*

Durch die Anlaufsperre wird die Freigabe des Sicherheitsschaltgeräts verhindert, wenn die Versorgungsspannung eingeschaltet oder unterbrochen und wieder eingeschaltet wird.

Anlauftestung *Sicherheitsschaltgerät*

Ein manueller oder automatischer Test, der durchgeführt wird, um das sicherheitsbezogene Steuerungssystem zu testen, nachdem die Versorgungsspannung an das Sicherheitsschaltgerät angelegt wurde. Ein Beispiel für eine Anlauftestung ist das manuelle Öffnen und Schließen einer trennenden Schutzeinrichtung nach dem Einschalten der Versorgungsspannung.

Ansteuerung *Sicherheitsschaltgerät* DIN EN ISO 13849-1

Einkanalige Ansteuerung:

Das Sicherheitsschaltgerät wird über einen einzelnen Signalgeberkontakt bzw. Ausgang angesteuert.

Anmerkung: Bei dieser Art der Ansteuerung erreicht die Sicherheitseinrichtung max. die Kategorie 2 nach DIN EN ISO 13849-1.

Zweikanalige Ansteuerung:

Das Sicherheitsschaltgerät wird über zwei Signalgeberkontakte bzw. Ausgänge angesteuert.

Anmerkung: Bei dieser Art der Ansteuerung erreicht die Sicherheitseinrichtung max. die Kategorie 4 nach DIN EN ISO 13849-1, wenn das Sicherheitsschaltgerät über eine Querschlusserkennung verfügt, wobei die zwei Signalgeber Teil einer Schutzeinrichtung (Not-Halt-Einrichtung, trennende Schutzeinrichtung) sein müssen. Wird ein zweikanaliges Sicherheitsschaltgerät einkanalig angesteuert, so muss der Signalgeber-Kontakt bzw. Ausgang beide Kanäle des Sicherheitsschaltgeräts schalten (z. B. Sirius 3SK1 Elektronik).

ANSI B11 OSHA, NFPA 79

Unter ANSI B11 gibt es eine Reihe weiterer Standards zur Sicherheit in der Industrie, die eine zusätzliche Anleitung zum Erzielen der geforderten Sicherheit bieten (USA).

ASIsafe *PROFIsafe*

Neue Namensgebung für „AS-Interface Safety at Work".

Ansprechzeit *Sicherheitsschaltgerät*

Die Zeit vom Anlegen des Steuerkommandos (z. B. Not-Halt, Ein-Taster) bis zum Schließen der Freigabekreise (Freigabestrompfade).

Ausschalten im Notfall *Not-Aus, Stillsetzen im* **DIN EN 60204-1**
Notfall, Stoppfunktion **(VDE 0113-1), Anhang D**

Eine Handlung im Notfall, die dazu bestimmt ist, die Versorgung mit elektrischer Energie zu einer ganzen oder einem Teil einer Installation abzuschalten, falls ein Risiko für elektrischen Schlag oder ein anderes Risiko elektrischen Ursprungs besteht. Sie soll aufkommende oder bestehende Gefahren für Personen und Schäden an der Maschine, am Arbeitsgut oder der Umwelt abwenden oder mindern.

Anmerkung: Gefahren sind u. a. funktionale Unregelmäßigkeiten, Fehlfunktionen der Maschine, nicht hinnehmbare Eigenschaften des zu bearbeitenden Materials und menschliche Fehler.

Auswerteeinheit *Sicherheitsschaltgerät* **DIN EN ISO 13849-1**

Eine sicherheitsgerichtete Auswerteeinheit erzeugt, abhängig vom Zustand angeschlossener, Signalgeber entweder nach einer festen Zuordnung oder nach programmierten Anweisungen ein sicherheitsgerichtetes Ausgangssignal.

Automatischer Start *Start* **DIN EN ISO 13850**

Diese Funktion wird auch als dynamischer Betrieb bezeichnet. Überwachter Start, der keine bewusste Handlung durch eine Person voraussetzt. Für Not-Halt-Funktionen und hintertretbare Schutztüren ist diese Startart nicht zulässig.

A-Norm *MRL,* **DIN EN ISO 12100**
harmonisierte Norm

Sind europäische *Grundnormen* (Typ A), die in der Maschinenrichtlinie gelistet sind: Gestaltungsgrundsätze, Begriffe, Risikobeurteilung.

β *PFH* **DIN EN 62061**
(VDE 0113-50)

Common cause failure factor (0,1 – 0,05 – 0,02 – 0,01).

B_{10} *PFH* **DIN EN 62061**
(VDE 0113-50),
IEC 61810-2

Anzahl Betätigungszyklen, nach denen 10 % der Geräte ausgefallen sind.

Basisgerät *Grundgerät,* **DIN EN ISO 13849-1**
Erweiterungsgerät,
Sicherheitsschaltgerät

Ersatzbegriff für Grundgerät.

Befehlsgeräte *Not-Halt* **DIN EN ISO 13850**

Betätiger *Getrennter Betätiger, Positionsschalter*

Mehrfach codiertes mechanisches Betätigungselement, das bei Herausziehen aus dem Positionsschalter (Kopf) die zwangsöffnenden Kontakte öffnet.

B-Norm *MRL, harmonisierte Norm*

Sind europäische *Gruppennormen* (Typ B), die in der Maschinenrichtlinie gelistet sind:

Typ B1 zu allgemeinen Sicherheitsaspekten (z. B. Ergonomie, Sicherheitsabstände DIN EN ISO 13855),

Typ B2 zu Systeme und Schutzeinrichtungen (z. B. DIN EN ISO 13849-1).

BWS *AOPD, OSSD,* **DIN EN 61496-1**
Laserscanner, Lichtgitter, **(VDE 0113-201)**
Lichtvorhänge

Berührungslos wirkende Schutzeinrichtung, die sich im Wesentlichen aus der Sensorfunktion und der dazugehörigen Steuerungs-/Überwachungsfunktion mit Ausgangsschaltelement, auch OSSD genannt, zusammensetzt.

BWP *Positionsschalter*

Berührungslos wirkende Positionsschalter (z. B. Magnetschalter).

C-Norm *MRL, harmonisierte Norm*

Sind europäische *Produktnormen* (Typ C), die in der Maschinenrichtlinie gelistet sind: Fachnormen – spezifische Anforderungen an bestimmte Maschinen (z. B. Pressen EN 692).

C B_{10}, *PFH* **IEC 61508,**
DIN EN 62061
(VDE 0113-50)

Duty Cycle: Betätigungszyklus (pro Stunde) eines elektromechanischen Bauteils.

CCF *PFH* **IEC 61508,**
DIN EN 62061
(VDE 0113-50)

Common cause failure: Ausfall gemeinsamer Ursache (z. B. Kurzschluss).

CE   *MRL,*   **MRL Art. 12, Anhang III**
Konformitätserklärung

Der Maschinenhersteller muss eine CE-Kennzeichnung durchführen, wenn er die Maschine in Verkehr bringen möchte (MRL, „Schutz vor Willkür").

CEN   *MRL*

Committee European de Normalization (Europäisches Komitee für Normung).

***DC* (niedrig, mittel, hoch)** *PFD, PFH*   **IEC 61508,**
                                              DIN EN 62061
                                              (VDE 0113-50)

Diagnostic Coverage (Diagnose Aufdeckungsgrad): $\Sigma \lambda_{DD}/\lambda_{Dtotal}$, mit

- λ_{DD} rate of detected dangerous hardware failures (Ausfallrate gefährlicher Hardwareausfälle),
- λ_{Dtotal} rate of total dangerous hardware failures (gesamte Ausfallrate gefährlicher Hardwareausfälle).

Diagnostic test interval   *PFH, B_{10}, CCF*   **IEC 61508,**
(T_2)   **DIN EN 62061**
                                                   (VDE 0113-50)

Diagnose Test Intervall zur Aufdeckung möglicher Hardwarefehler.

Diskrepanzzeit-   *Gleichzeitigkeit,*
überwachung   *Synchronisationszeit*

Die Diskrepanzzeitüberwachung toleriert durch ein definiertes Zeitfenster die Ungleichzeitigkeit zusammengehöriger Signale.

Diversität   **DIN EN 62061**
                                                   (VDE 0113-50)

Systemdesign mit unterschiedlichen Maßnahmen für das gleiche Ziel zur Vermeidung von systematischen Fehlern (z. B. mit zwei Schützen unterschiedlicher Baugröße sicher abschalten).

Drehzahlüberwachung   *Sichere reduzierte*
                                   Geschwindigkeit

Überwachung der Drehzahl einer mechanischen Bewegung (z. B. Antrieb) in einem definierten Geschwindigkeitsfenster. Diese kann sensorlos (Strom, Frequenz) oder mittels Geber (in der Regel inkrementell) erfolgen.

E/E/PE	*Funktionale Sicherheit*	**IEC 61508**

Electrical and/or electronic and/or programmable electronic technologies of safety related systems.

Einfehlersicherheit	*Kategorie, SIL*	**DIN EN ISO 13849-1, DIN EN 62061 (VDE 0113-50)**

Bedeutet, dass auch nach Auftreten **eines** Fehlers die vereinbarte sichere Funktion gewährleistet ist (entspricht z. B. der Kategorie 3 nach DIN EN ISO 13849-1, oder SIL 2 nach IEC 61508).

Einschaltzyklus	*Selbstüberwachung zyklisch*

Automatische zyklische Überwachung der Funktionsfähigkeit der Bauteile durch zyklische Testung.

Erdschlusserkennung	*Querschluss, Kurzschluss*

Eine Erkennung von Erdschlüssen sofort oder im Rahmen einer zyklischen Selbstüberwachung, wobei das Gerät nach Erkennung des Fehlers einen sicheren Zustand einnimmt.

Erstfehlereintrittszeit (EEZ)	*Anforderungsklasse*

Ist die Zeitspanne, in der die Wahrscheinlichkeit für das Auftreten eines sicherheitskritischen Erstfehlers für die betrachtete Anforderungsklasse hinreichend gering ist. Fehlerbeherrschende Maßnahmen bleiben dabei unberücksichtigt. Die Zeitspanne beginnt mit dem letzten Zeitpunkt, an dem sich das betrachtete System in einem nach der betrachteten Anforderungsklasse als fehlerfrei angenommenen Zustand befunden hat.

Erweiterungsgerät	*Grundgerät, Sicherheitsschaltgerät*

Ein Erweiterungsgerät ist ein Sicherheitsschaltgerät, welches nur in Verbindung mit einem Basisgerät (Grundgerät) zum Zwecke der Kontaktvervielfachung einsetzbar ist.

Eintrittszeit für Mehrfachfehler (MEZ)	*Anforderungsklasse*	(nicht mehr gültig) **DIN 19250**

Ist die Zeitspanne, in der die Wahrscheinlichkeit für das Auftreten von in Kombination sicherheitskritischen Mehrfachfehlern für die betrachtete Anforderungsklasse hinreichend gering ist. Die Zeitspanne beginnt mit dem letzten Zeitpunkt, an dem sich das betrachtete System in einem nach der betrachteten Anforderungsklasse als fehlerfrei angenommenen Zustand befunden hat.

Federkraftverriegelt *Positionsschalter, Zuhaltung*

Die Verriegelung erfolgt mit dem Ruhestromprinzip (die Feder verriegelt, der Magnet entriegelt).

Fehlertoleranzzeit *Sicherheitsschaltgerät*

Ist eine Eigenschaft des Prozesses und beschreibt die Zeitspanne, in der der Prozess durch fehlerhafte Steuersignale beaufschlagt werden kann, ohne dass ein gefährlicher Zustand eintritt.

Fehlerreaktionszeiten *Sicherheitsschaltgerät*

Benötigte Zeit bis zur Reaktion auf einen aufgedeckten Fehler.

Freigabekreis, *Sicherheitsschaltgerät*
Freigabestrompfad

Ein Freigabekreis dient der Erzeugung eines sicherheitsgerichteten Ausgangssignals. Freigabekreise wirken nach außen wie Schließer (funktional aber wird immer das sichere Öffnen betrachtet).

Ein einzelner Freigabekreis, der intern im Sicherheitsschaltgerät redundant (zweikanalig) aufgebaut ist, kann für Kategorie 3/4 nach DIN EN ISO 13849-1 eingesetzt werden.

Anmerkung: Freigabestrompfade können auch für Meldezwecke eingesetzt werden.

Funktionale Sicherheit *SIL*   **IEC 61508,**
                                                                    DIN EN 62061
                                                                    (VDE 0113-50)

IEC 61508: Funktionale Sicherheit sicherheitsbezogener elektrischer/elektronischer/ programmierbarer elektronischer Systeme:

Zielsetzung der Anforderungen an (Sub-)Systeme ist es, Fehler in der Steuerung zu vermeiden oder zu beherrschen und die Wahrscheinlichkeit gefährlicher Ausfälle auf definierte Werte zu begrenzen. Als Maß für das erreichte Niveau der sicherheitsbezogenen Leistungsfähigkeit sind Safety Integrity Level (SIL) definiert.

Funktionsprüfung   **DIN EN 60204-1**
                                                                    (VDE 0113-1)

Die Funktionsprüfung kann entweder automatisch durch das Steuerungssystem oder von Hand durch Überwachung oder Prüfung beim Ablauf und nach festgelegten Zeitabständen oder als Kombination, je nach Erfordernis, ausgeführt werden.

Gefahrenbewertung *Gefahrenanalyse,*   **DIN EN ISO 12100**
                                      Risikobeurteilung, MRL

Bewertung einer Gefahr für den Anwender, resultierend aus einer Gefährdung.

| Gefährdung | Gefahrenanalyse, Risikobeurteilung, MRL | DIN EN ISO 12100 |

Die Gefährdung stellt eine Gefahr für den Anwender dar und kann zu einer Verletzung führen.

| Getrennter Betätiger | Positionsschalter, Zuhaltung | |

Codiertes, mechanisches Betätigungselement, das bei Herausziehen aus dem Positionsschalter(kopf) die zwangsöffnenden Kontakte öffnet.

| Gleichzeitigkeitsüberwachung | Diskrepanzzeitüberwachung, Zweihandschaltung | DIN EN ISO 13851 |

Die Gleichzeitigkeitsüberwachung von Signalgebern durch das Sicherheitsschaltgerät wird zur Erhöhung der funktionalen Sicherheit der Schutzeinrichtung angewendet. Die Überwachung erfolgt, indem der Signalwechsel der Signalgeber innerhalb der vorgegebenen Zeit, der Synchronüberwachungszeit, überprüft wird. Wird diese Zeit überschritten, erfolgt kein Freigabesignal. Für einige Sicherheitseinrichtungen ist eine Gleichzeitigkeitsüberwachung vorgeschrieben.

| Grundgerät | Erweiterungsgerät, Sicherheitsschaltgerät | DIN EN ISO 13849-1 |

Ist ein Sicherheitsschaltgerät, das alle Funktionen enthält, die in den jeweiligen Sicherheitseinrichtungen vorhanden sein müssen.

| Harmonisierte Norm | MRL, A-, B-, C-Norm | |

Die Typ A (Grundnormen), Typ B (Gruppennormen) und Typ C (Produktnormen) sind in der Maschinenrichtlinie gelistet und erlauben somit die Vermutungswirkung.

| Kaskadiereingang | Sicherheitsschaltgerät | DIN EN ISO 13849-1 |

Sicherer einkanaliger Eingang eines Sicherheitsschaltgeräts, der intern wie ein Sensorsignal ausgewertet wird: logische UND-Verknüpfung mit den anderen Signalgebereingängen.

Wenn keine Spannung anliegt, schaltet das Sicherheitsschaltgerät die Freigabekreise (Ausgänge) sicher ab.

Anmerkung: Durch Fehlerausschluss (Kurzschluss) im Schaltschrank kann Kategorie 4 nach DIN EN ISO 13849-1 erreicht werden; durch geschützte Verlegung kann dieser Fehler ebenfalls außerhalb des Schaltschranks ausgeschlossen werden.

Kategorie	Harmonisierte Norm	DIN EN ISO 13849-1
	(B-Norm)	

Die Kategorien der DIN EN ISO 13849-1 (B, 1, 2, 3 und 4) erlauben eine Beurteilung der Leistungsfähigkeit sicherheitsbezogener Teile einer Steuerung bei Auftreten von Fehlern, siehe auch Tabelle 10 der DIN EN ISO 13849-1.

Kategorie B:

Die Steuerung muss so konzipiert sein, dass sie den zu erwartenden Einflüssen standhalten kann, mit keinem DC_{avg} und mit $MTTF_D$ von niedrig bis mittel.

Systemverhalten: Ein Fehler kann zum Verlust der Sicherheitsfunktion führen.

Kategorie 1:

Anforderung von B muss erfüllt sein; Verwendung von sicherheitstechnisch bewährten Bauteilen und Prinzipien, mit keinem DC_{avg} und mit $MTTF_D$ von hoch.

Systemverhalten: Wie Systemverhalten von B, doch mit höherer sicherheitsbezogener Zuverlässigkeit als in Kategorie B.

Kategorie 2:

Anforderung von B muss erfüllt sein; zusätzliche Prüfung der Sicherheitsfunktion in geeigneten Zeitabständen, mit DC_{avg} von niedrig bis mittel und mit $MTTF_D$ von niedrig bis hoch.

Systemverhalten: Das Auftreten eines Fehlers kann zum Verlust der Sicherheitsfunktion zwischen den Prüfabständen führen. Der Verlust der Sicherheitsfunktion wird durch den Test erkannt.

Kategorie 3:

Anforderung von B muss erfüllt sein, ein einzelner Fehler darf nicht zum Verlust der Sicherheitsfunktion führen; einzelne Fehler müssen aufgedeckt werden, mit DC_{avg} von niedrig bis mittel und mit $MTTF_D$ von niedrig bis hoch.

Systemverhalten: Die Sicherheitsfunktion bleibt beim Auftreten einzelner Fehler immer erhalten. Einige, aber nicht alle Fehler werden erkannt. Eine Anhäufung von unbekannten Fehlern kann zum Verlust der Sicherheitsfunktion führen.

Kategorie 4:

Anforderung von B muss erfüllt sein; der einzelne Fehler muss vor oder bei der nächsten Anforderung der Sicherheitsfunktion erkannt werden, mit DC_{avg} von hoch und mit $MTTF_D$ von hoch.

Systemverhalten: Wenn Fehler auftreten, bleibt die Sicherheitsfunktion immer erhalten; die Fehler werden rechtzeitig erkannt. Die Erkennung von Fehleranhäufungen reduziert die Wahrscheinlichkeit des Verlustes der Sicherheitsfunktion (hohe DC). Die Fehler werden rechtzeitig erkannt, um einen Verlust der Sicherheitsfunktion zu verhindern.

Reihenschaltung von Sensoren bei Kategorie 3
→ Not-Halt: dürfen immer in Reihe geschaltet werden: Das Versagen und gleichzeitige Drücken der Befehlsgeräte kann ausgeschlossen werden.
→ Schutztürüberwachung: Positionsschalter dürfen in Reihe geschaltet werden, wenn nicht mehrere Schutztüren gleichzeitig und regelmäßig geöffnet werden, da sonst keine Fehleraufdeckung erfolgen kann.

Reihenschaltung von Sensoren bei Kategorie 4
→ Not-Halt: dürfen immer in Reihe geschaltet werden: Das Versagen und gleichzeitige Drücken der Befehlsgeräte kann ausgeschlossen werden.
→ Schutztürüberwachung: Positionsschalter dürfen nie in Reihe geschaltet werden, weil immer jeder gefährliche Fehler aufgedeckt werden muss (unabhängig vom Bedienpersonal).

Konformitätserklärung *CE, MRL* MRL Art. 12, Anhang III

Bescheinigung des Maschinenherstellers, dass die Maschine alle relevanten Vorschriften der Maschinenrichtlinie erfüllt und somit in Verkehr gebracht werden darf. Mit der CE-Kennzeichnung wird dies dem Anwender gezeigt.

Achtung: Eine Konformität kann auch zu anderen Richtlinien erklärt werden, z. B. wird ein Schaltschrank konform zur Niederspannungsrichtlinie erklärt.

λ *PFH* DIN EN 62061 (VDE 0113-50)

Rate of failure: Ausfallrate bei sicheren (λ_s) und gefährlichen (λ_d) Fehlern.

Laserscanner *BWS, AOPD, OSSD* DIN EN 61496-1 (VDE 0113-201)

Ein Sicherheits-Laserscanner dient im stationären wie auch im mobilen Einsatzbereich dem Personenschutz an Maschinen, Robotern, Förderanlagen, Fahrzeugen. Dieser ist ein optischer Flächenscanner und arbeitet berührungslos mit periodisch ausgesendeten Lichtimpulsen, die ein integrierter Drehspiegel in den Arbeitsbereich streut. Dabei werden Personen oder Objekte, die in das definierte Schutzfeld eindringen, durch Reflexion dieser Lichtimpulse erkannt. Aus der Lichtlaufzeit werden die Koordinaten des „Hindernisses" errechnet. Die zu überwachende Fläche kann über einen PC innerhalb bestimmter Grenzen frei definiert werden. Befindet sich das „Hindernis" im definierten Schutzfeld, schaltet der Scanner seine sicherheitsgerichteten Ausgänge ab und löst damit eine sichere Stoppfunktion aus.

Lichtgitter, Lichtvorhang *BWS, AOPD, OSSD* DIN EN 61496-1 (VDE 0113-201)

Ändert bei Unterbrechung eines oder mehrerer Lichtstrahlen ihren Schaltzustand.

| Lichtschranke | *BWS, AOPD, OSSD* | DIN EN 61496-1 (VDE 0113-201) |

Ändert bei Unterbrechung ihres Lichtstrahls ihren Schaltzustand.

| Life time interval (T_2) | *PFH, B_{10}, C, CCF* | IEC 61508, DIN EN 62061 (VDE 0113-50) |

Die Lebenserwartungszeit einer Komponente, die für eine Sicherheitsfunktion benötigt wird, in 1/h (z. B. 100 000 h bis 10 Jahre).

| Magnetkraftverriegelt | *Positionsschalter, Zuhaltung* | |

Die Verriegelung erfolgt mit dem Arbeitsstromprinzip (der Magnet verriegelt, die Feder entriegelt).

| Magnetschalter | *BWP, Reedkontakte* | |

Besteht aus einer codierten Anordnung mehrerer Reedkontakte, die unter dem Einfluss des zugehörigen Magnetfelds ihren Schaltzustand ändern. Durch die Codierung ist eine Manipulation ausgeschlossen.

| Manueller Start (en: Monitored Start) | *Start* | DIN EN ISO 13850, DIN EN 60204-1 (VDE 0113-1) |

Diese Funktion wird auch als statischer Betrieb bezeichnet. Überwachter Start, der eine bewusste Handlung durch eine Person voraussetzt. In der Regel mit einer dynamischen Signalauswertung bzw. Flankenauswertung.

| Maschine, Maschinenrichtlinie | *MRL* | DIN EN ISO 12100 |

Die Maschine, mit beweglichen Teilen, stellt eine mögliche Gefahr für den Anwender dar.

| Mehrfehlersicherheit | *Kategorie, SIL, Einfehlersicherheit* | DIN EN ISO 13849-1, DIN EN 62061 (VDE 0113-50) |

Bedeutet, dass auch nach Auftreten **mehrerer** Fehler die vereinbarte sichere Funktion gewährleistet ist.

Meldekreis
Meldestrompfad

Ein Meldestrompfad dient der Erzeugung eines nicht sicherheitsgerichteten Ausgangssignals. Meldestrompfade können als Öffner oder Schließer realisiert werden.

Mindestbetätigungszeit *Sicherheitsschaltgerät*
Die kürzeste Zeit für das Steuerkommando, um das Gerät zu starten.

MRL *Harmonisierte Norm, NSR*

Maschinenrichtlinie in Europa (2006/42/EG): Vereinbarung zwischen den EU-Mitgliedstaaten, die sich verpflichten, diese in ein nationales Recht zu überführen.

MTTF/MTTF$_D$ *PL* DIN EN ISO 13849-1

Mean Time to failure/Mean Time to failure dangerous: (Zeit bis zu einem Ausfall). Statistisch gesehen kann angenommen werden, dass nach Ablauf der *MTTF* 63,2 % der betreffenden Komponenten ausgefallen sind.

Muting *BWS* DIN EN 61496-1
 (VDE 0113-201)

Überbrückungsfunktion: Ein zeitlich begrenztes bestimmungsgemäßes Aufheben der Sicherheitsfunktion mit zusätzlicher Sensorik.
Anmerkung: Dies dient der Unterscheidung von Personen und Gegenständen.

Muting-Sensoren *Muting, BWS* DIN EN 61496-1
 (VDE 0113-201)

Signalgeber, die für einen Muting-Betrieb eingesetzt werden, um Körper zu erkennen, bei denen eine BWS nicht abschalten soll.

Näherungsschalter

(induktiv, kapazitiv oder optisch) ist ein Schaltelement, welches bei der Annäherung von Körpern oder Flüssigkeiten seinen Schaltzustand ändert (je nach Ausführung). Näherungsschalter sind überwiegend mit Halbleiterausgängen ausgerüstet.

Netzausfall *Sicherheitsschaltgerät,*
Überbrückung *BWS*

Maximale Zeit für Kurzzeitunterbrechungen der Versorgungsspannung, welche nicht zu einer Fehlfunktion oder zum Rücksetzen des Geräts führt.

NFPA 79 (USA) *OSHA*

Electrical Standard for industrial Machinery in den USA:
Dieser Standard gilt für die elektrische Ausrüstung von Industriemaschinen mit Nennspannungen kleiner 600 V. Die Neufassung NFPA 79-2002 enthält grundlegende Anforderungen für programmierbare Elektronik und Busse, wenn diese zur Ausführung sicherheitsrelevanter Funktionen eingesetzt werden. Bei Erfüllung dieser Anforderungen dürfen elektronische Steuerungen und Busse auch für Not-Halt-Funktionen der Stopp-Kategorien 0 und 1 verwendet werden (siehe NFPA 79-2002, 9.2.5.4.1.4).
Im Unterschied zu DIN EN 60204-1 (**VDE 0113-1**) verlangt NFPA 79 bei Not-Halt-Funktionen, die elektrische Energie durch elektromechanische Mittel abzutrennen.

Not-Aus (heute irrtümlich für Not-Halt verwendet)	*Ausschalten im Notfall, Not-Halt*	DIN EN ISO 13850, DIN EN 60204-1 (VDE 0113-1), Anhang D

Eine Handlung im Notfall, die dazu bestimmt ist, die Versorgung mit elektrischer Energie zu einer ganzen oder zu einem Teil einer Installation abzuschalten, falls ein Risiko für elektrischen Schlag oder ein anderes Risiko elektrischen Ursprungs besteht:
Die Gefahr soll schnellstmöglich beendet werden, z. B. durch einen „Trenner" in einer Haupteinspeisung.

Not-Halt-Befehlsgerät	*Pilzdrucktaster, Not-Halt, Seilzugschalter*	DIN EN ISO 13850, DIN EN 60204-1 (VDE 0113-1)

Schaltelement, welches in Gefahrensituationen betätigt, ein Stillsetzen des Prozesses oder der Maschine bzw. Anlage bewirkt. Dieser muss über zwangsöffnende Kontakte verfügen und sollte leicht erreichbar und überlistungssicher sein.

Not-Halt-Einrichtung	*Not-Halt*	DIN EN ISO 13850, DIN EN 60204-1 (VDE 0113-1)

Eine Not-Halt-Einrichtung ist eine Schutzeinrichtung für die Handlung im Notfall.

Not-Halt (wird den heutigen Begriff Not-Aus ersetzen)	*Stillsetzen im Notfall Not-Aus*	DIN EN ISO 13850, DIN EN 60204-1 (VDE 0113-1), Anhang D

Eine Handlung im Notfall, die dazu bestimmt ist, einen Prozess oder eine Bewegung anzuhalten, der (die) Gefahr bringen würde (Stillsetzen).
Anmerkung: Durch eine einzige Handlung einer Person wird die Funktion Not-Halt ausgelöst. Diese muss nach DIN EN ISO 13849-1 zu jeder Zeit verfügbar und funktionsfähig sein. Die Betriebsart bleibt dabei unberücksichtigt.

NRTL *NFPA 79*

National Recognized Test Laboratories: Hier können Produkte gelistet werden, damit diese in den USA zweckgemäß (nach der NFPA 79) verwendet werden dürfen. Eine NRTL-Listung entspricht einer Zertifizierung.

NSR *MRL* **DIN EN 61439-1 (VDE 0660-600-1), DIN EN 60204-1 (VDE 0113-1)**

Niederspannungsrichtlinie in Europa (2014/35/EU) (für den Schaltschrankbau in der DIN EN 61439-1 (**VDE 0660-600-1**) umgesetzt). Die DIN EN 60204-1 (**VDE 0113-1**) ist unter der NSR gelistet.

OSHA *NFPA 79*

Occupational Safety and Health Act   www.osha.gov

Ein wesentlicher Unterschied bei den gesetzlichen Anforderungen zur Sicherheit am Arbeitsplatz zwischen USA und Europa ist, dass es in den Vereinigten Staaten keine einheitliche Bundesgesetzgebung zur Maschinensicherheit gibt, welche die Verantwortlichkeit des Herstellers/Lieferers abdeckt. Vielmehr besteht die generelle Anforderung, dass der Arbeitgeber einen sicheren Arbeitsplatz bieten muss.

Die OSHA-Regeln unter 29 CFR 1910 enthalten allgemeine Anforderungen für Maschinen (1910.121) und eine Reihe spezifischer Anforderungen für bestimmte Maschinentypen. Die Anforderungen darin sind sehr spezifisch, aber technisch wenig detailliert.

Neben den OSHA-Regeln ist es wichtig, die aktuellen Standards von Organisationen wie NFPA und ANSI sowie die in USA bestehende umfassende Produkthaftung zu beachten.

OSSD *BWS* **DIN EN 61496-1 (VDE 0113-201)**

Output Signal Switching Device, Ausgangsschaltelement – der Teil der BWS, der in den AUS-Zustand übergeht, wenn die Sicherheits-Lichtschranke, -Lichtvorhang, -Lichtgitter oder die Überwachungseinrichtungen ansprechen.

PL Performance Level *MTTF, MTBF* **DIN EN ISO 13849-1**

Das Zielmaß der Versagenswahrscheinlichkeit für die Ausführung der risikoreduzierenden Funktionen:
von **PL a** (höchste Ausfallwahrscheinlichkeit) bis **PL e** (niedrigste Ausfallwahrscheinlichkeit).

PFD   *PFH*   **DIN EN 61508
(VDE 0803),
DIN EN 62061
(VDE 0113-50)**

Probability of failure on demand: Ausfallwahrscheinlichkeit bei Auslösen/Anfrage der Sicherheitsfunktion.

PFH   *B_{10}, C, CCF*   **DIN EN 61508
(VDE 0803),
DIN EN 62061
(VDE 0113-50)**

Probability of failure per hour: Ausfallwahrscheinlichkeit pro Stunde, zur Ermittlung der „random integrity".

Pilzdrucktaster   *Not-Halt-Befehlsgeräte*   **DIN EN ISO 13850,
DIN EN 60204-1
(VDE 0113-1)**

Not-Halt-Befehlsgerät, das die Form eines Pilzes aufweist (hat nichts mit der gleichnamigen Firma zu tun).

Prellzeit   *Positionsschalter*

Zeitdauer vom ersten bis zum letzten Schließen bzw. Öffnen eines Kontakts (bei Standardschaltern mit Sprungkontakten ca. 2 ms bis 4 ms).

Proof time interval (T_1)   *PFH, B_{10}, C, CCF*   **DIN EN 61508
(VDE 0803),
DIN EN 62061
(VDE 0113-50)**

Zu erwartendes Überwachungsintervall der auszulösenden Sicherheitsfunktion in 1/h (z. B. alle 8 h wird ein Not-Halt möglicherweise gedrückt).

PROFIsafe   *ASIsafe*

Sicherheitsgerichtete Kommunikation über Profibus (schwarzer Kanal).

Positionsschalter *Standard-Positions-* **EN 50041, EN 50047**
schalter, Zuhaltung,
getrennter Betätiger

Teil der Verriegelungseinrichtung einer trennenden Schutzeinrichtung, der seinen Schaltzustand in Abhängigkeit von einem mechanisch gegebenen Steuerbefehl ändert. Es gibt Positionsschalter mit und ohne Zuhaltung, mit und ohne getrennten Betätiger. Überwiegend werden Standard-Positionsschalter gemäß (EN 50047 und EN 50041) eingesetzt.

Querschluss *Kurzschluss, Kategorien* **DIN EN ISO 13849-1,**
DIN EN 62061
(VDE 0113-50)

Kann nur bei mehrkanaliger Geräteansteuerung auftreten und ist ein Schluss zwischen Kanälen (z. B. im zweikanaligen Sensorkreis).

Querschlusserkennung *Kategorien* **DIN EN ISO 13849-1,**
(insbesondere 3/4) **DIN EN 62061**
(VDE 0113-50)

Die Fähigkeit eines Sicherheitsschaltgeräts, Querschlüsse sofort oder im Rahmen einer zyklischen Überwachung zu erkennen, wobei das Gerät nach Erkennung des Fehlers einen sicheren Zustand einnimmt.

Redundanz *Kategorien* **DIN EN ISO 13849-1,**
(insbesondere 3/4) **DIN EN 62061**
(VDE 0113-50)

Redundanz ist das Vorhandensein von mehr als für den Normalbetrieb notwendigen Mitteln.
Anmerkung: Bei Redundanz werden für die gleiche Funktion mehrere Funktionsgruppen eingesetzt (z. B. mehrkanaliger Aufbau). Dies kann zur Erhöhung der Sicherheit und/oder Verfügbarkeit genutzt werden.

Reedkontakt *BWP, Magnetschalter*

Reedkontakte werden durch einen Magneten geschlossen und öffnen sich, sobald der Magnet wieder weg ist, sie reagieren also auf ein magnetisches Feld.

Reihenschaltung *Kategorien* **DIN EN ISO 13849-1**

Sensoren, z. B. Not-Halt-Befehlsgeräte, werden in Reihe geschaltet und mittels eines Sicherheitsschaltgeräts ausgewertet.

Relais *Sicherheitsschaltgerät*

Sicherheitsrelais sind redundant und mit zwangsgeführten Kontakten ausgeführt (Hersteller z. B. Matsushita, NAIS), und werden als Freigabekreis(e) im Sicherheitsschaltgerät verwendet.

Reset *Start, Sicherheitsschaltgerät*

Einschaltfunktion (Ein), die eine Wiederanlaufsperre darstellt.

Reset-Taster *Start, Sicherheitsschaltgerät*

Der Ein-Taster stellt in einem Sicherheitsschaltgerät eine Wiederanlaufsperre dar, welche erst durch Betätigung aufgehoben wird.

Risiko *Risikobeurteilung* **DIN EN ISO 12100, DIN EN ISO 13849-1**

Die Kombination der Wahrscheinlichkeit eines Schadeneintritts und des Schadenausmaßes.

Risikobeurteilung **DIN EN ISO 12100**

Die Norm DIN EN ISO 12100 enthält Verfahren, die für die Durchführung einer Risikobeurteilung notwendig sind. Die Risikobeurteilung umfasst demnach zunächst eine Risikoanalyse und eine anschließende Risikobewertung.

Rückfallzeit *Sicherheitsschaltgerät*

Die Zeit vom Abschalten des Steuerkommandos oder der Versorgungsspannung bis zum Öffnen der Freigabekreise (Freigabestrompfade).

Rückführkreis *Sicherheitsschaltgerät* **DIN EN ISO 13849-1**

Dient der Überwachung angesteuerter Aktoren (z. B. Relais oder Lastschütze mit zwangsgeführten Kontakten). Die Auswerteeinheit kann nur bei geschlossenem Rückführkreis aktiviert werden.

Anmerkung: In Reihe geschaltete Öffner (zwangsgeführte Kontakte) der zu überwachenden Lastschütze werden in den Rückführkreis des Sicherheitsschaltgeräts integriert. Verschweißt ein Kontakt im Freigabekreis, so ist ein erneutes Aktivieren des Sicherheitsschaltgeräts nicht mehr möglich, weil der Rückführkreis geöffnet bleibt. Die (dynamische) Überwachung des Rückführkreises muss nicht sicher sein, weil diese nur der Fehleraufdeckung dient: Der Ein-Taster wird meistens mit den zwangsgeführten Kontakten der Aktoren in Reihe geschaltet (Fehleraufdeckung bei Start).

Safety Performance *SIL, PL, (PFH), SILCL* **DIN EN 61508 (VDE 0803), DIN EN ISO 13849, DIN EN 62061 (VDE 0113-50)**

Das Zielmaß zur Bestimmung der Leistungsfähigkeit einer Sicherheitsfunktion (Funktionale Sicherheit) – *„Sicherheitsleistungsfähigkeit"* – der Begriff wurde in der englischen Fassung der IEC 61508 eingeführt:

In der DIN EN 62061 (**VDE 0113-50**) wird mit dem SILCL (Safety Integrity claim limit) und

in DIN EN ISO 13849 mit dem PL (Performance Level) die Safety Performance ermittelt.

Schaltmatten, *Sicherheitsbauteil* **EN 1760-1/-2/-3**
Schaltleisten,
Schaltkanten,
Schaltpuffer

Sind Signalgeber, die bei Betreten (Schaltmatte) bzw. bei Verformung (Schaltleisten, Schaltkanten) ihren Schaltzustand ändern. Schaltmatten erzeugen einen Querschluss bei Betreten.

Schutztürwächter *Sicherheitsschaltgerät* **DIN EN ISO 13849-1**

Eine Auswerteeinheit, welche die Stellung von Positionsschaltern an einer trennenden Schutzeinrichtung überwacht. Sie erzeugt ein sicherheitsgerichtetes Ausgangssignal, wenn diese Schutztür geschlossen wird.
Herkömmliche Sicherheitsschaltgeräte übernehmen diese Funktion heute (z. B. 3SK1).

Seilzugschalter *Standard-Positions-* **EN 50043, EN 50047**
schalter, Zuhaltung,
getrennter Betätiger

Wird meist in Not-Halt-Einrichtungen verwendet und ist ein Signalgeber, der seinen Schaltzustand ändert, wenn eine an ihm befestigte Reißleine gezogen wird bzw. das Seil reißt. Dient der Überwachung ausgedehnter Anlagen (z. B. Förderstrecken).

Selbstüberwachung *Proof Time* **DIN EN 62061 (VDE 0113-50)**

Automatische zyklische Überwachung der Funktionsfähigkeit der Bauteile durch zyklische Testung.

| Sensitive Schutzeinrichtung (SPE) | | DIN EN ISO 12100 |

Sensitive protection equipment: mechanisch behaftete Betriebsmittel (nicht berührungslos).

| Sicher begrenzte Geschwindigkeit | | DIN EN 60204-1 (VDE 0113-1), DIN EN 61800-5-2 (VDE 0160-0105-2) |

Die Funktion erlaubt die Überwachung einer Achse oder Spindel auf eine vorgegebene Geschwindigkeit. Beim Einrichten sind z. B. die Geschwindigkeitsgrenzen entsprechend der geltenden C-Norm anzuwenden, z. B. 2 m/min für Achsen. In vielen Maschinen kommt eine sicher überwachte Geschwindigkeit aber auch während der automatischen Bearbeitung zur Anwendung. Um Schaden an der Maschine oder am Produktionsgut zu vermeiden, kann so die Überschreitung bestimmter Höchstdrehzahlen und Geschwindigkeiten sicher verhindert werden.

Durch den Antriebshersteller müssen Schutzmaßnahmen vorgesehen werden, die das Ändern der Geschwindigkeitsgrenzwerte nur dem Maschinenhersteller erlauben. Nach jeder Neueinstellung oder Änderung von Geschwindigkeitsgrenzwerten muss außerdem ein Abnahmetest durchgeführt werden. Der Inbetriebnehmer muss während des Abnahmetests den Geschwindigkeitsgrenzwert anfahren und einwandfreie sicherheitsgerichtete Reaktion in einem vom Antriebshersteller vorgesehenen Formblatt dokumentieren.

| Sicherheitsabstand | *BWS* | DIN EN ISO 13855 |

Definiert die notwendigen Abstände und Geschwindigkeiten einer Person, die als Eingangsgröße für eine Gefahrenbetrachtung dienen (z. B. für Lichtvorhänge, Laserscanner, …).

| Sicherer Betriebshalt | *Sicheres Stillsetzen* | DIN EN 60204-1 (VDE 0113-1), DIN EN 61800-5-2 (VDE 0160-105-2) |

Im Gegensatz zum sicheren Halt bleiben die Antriebe beim sicheren Betriebshalt voll in Regelung. Die übergeordnete zweikanalige Sicherheitssteuerung wird permanent mit den Positionswerten versorgt und leitet bei Abweichungen von der Stillstandsposition eine sicherheitsgerichtete Reaktion ein.

Der sichere Betriebshalt wird immer dort benötigt, wo häufig manuell in den Prozess eingegriffen werden muss, eine hardwaremäßige Trennung von der Energieversorgung aber aus technologischen Gründen nicht praktikabel ist. Anwendungsbeispiele sind der Einrichtbetrieb und das Einfahren von CNC-Programmen.

| **Sicherer Halt** | *Sicheres Stillsetzen* | DIN EN 60204-1 (VDE 0113-1), DIN EN 61800-5-2 (VDE 0160-105-2) |

Beim sicheren Halt ist die Energieversorgung zum Antrieb sicher unterbrochen. Der Antrieb darf kein Drehmoment und somit keine gefährliche Bewegung erzeugen können. Eine Überwachung der Stillstandsfunktion muss nicht erfolgen. Eine kontaktbehaftete Trennung zur Energieversorgung kann, muss jedoch nicht verwendet werden.

Externe Ansteuerung:
Einige Antriebssysteme bieten die Möglichkeit, den sicheren Halt (SH) von extern über Klemmen anzusteuern. Hierbei ist anhand der Herstellerunterlagen zu prüfen, ob eine Weiterverarbeitung des Rückmeldekontakts in der Maschinensteuerung notwendig ist. Das Kleben oder Nichtanziehen kann auch bei einem Sicherheitsrelais nicht ausgeschlossen werden. Erst die sichere Weiterverarbeitung des zwangsgeführten Rückmeldekontakts ergibt schließlich eine sichere Schaltung. Die achsweise ansteuerbaren SH-Relais überbrücken bei einwandfreier Funktion des sicheren Halts den Freigabepfad der Relaiskombination für die Schutztüren. Bei Versagen des SH-Relais wird das übergeordnete Netzschütz abgeschaltet.

Interne Ansteuerung:
Wird der sichere Halt intern angesteuert, z. B. durch das redundante Rechnersystem der Antriebssteuerung, ist bereits durch den Antriebshersteller zu gewährleisten, dass das Relais sicher zurückgelesen wird. Beispiele für eine interne Ansteuerung sind z. B. die Abschaltung nach einer Fehlerreaktion, z. B. nach Überschreitung von Geschwindigkeits- oder Positionsgrenzwerten bzw. bei der Durchführung der Zwangsdynamisierung des Abschaltpfads (Teststopp).

| **Sichere Trennung** | *Sicher Verlegen, Positionsschalter* | IEC 61140, EN 50187 |

Ziel der Maßnahmen ist der Fehlerausschluss der Spannungsverschleppung auf sicher freigeschaltete Betriebsmittel:

- Leitungsisolierung zwischen zwei Leitern unterschiedlicher Potentiale: bei Überspannungskategorie 3 (Industrieumgebung) ca. 3 mm Luft- und Kriechstrecke bei 400 V;
- AS-i-Module müssen zwischen AS-Interface und U_{hilf} die Anforderungen gemäß EN 50187 bezüglich der Luft- und Kriechstrecken und der Spannungsfestigkeit der Isolation der relevanten Bauteile erfüllen.

Sicheres Stillsetzen   **DIN EN 60204-1 (VDE 0113-1), DIN EN 61800-5-2 (VDE 0160-105-2)**

Beim sicheren Stillsetzen erfolgt ein der Gefahrensituation entsprechendes Stillsetzen des Antriebs.

Dabei müssen die elektrischen, elektronischen, elektromechanischen Einrichtungen, die für die Verzögerung des Antriebs notwendig sind, in die Sicherheitsbetrachtungen mit einbezogen werden, unter Berücksichtigung weiterer Schutzmaßnahmen. Geeignet sind z. B.:

- gesteuertes Stillsetzen mit sicher überwachter Verzögerungszeit,
- gesteuertes Stillsetzen mit sicherer Überwachung der Bremsrampe,
- ungesteuertes Stillsetzen mit mechanischen Bremsen.

Anwendungsbeispiele sind z. B.: Zustimmungsschalter, elektrische Verriegelung von beweglichen Schutzeinrichtungen oder Reaktion nach Erkennen von Fehlern.

Sicherheitsbauteil   *MRL*   **MRL Anhang IV**

Sind im Anhang IV der Maschinenrichtlinie gelistet, z. B.:

- sensorgesteuerte Personenschutzeinrichtungen (Lichtschranken, Schaltmatten, elektromagnetische Detektoren),
- selbsttätige bewegliche Schutzeinrichtungen an Maschinen, gemäß Buchstabe A, Nrn. 9, 10 und 11
  - Zweihandschaltungen,
  - Überrollschutzaufbau,
  - Schutzaufbau gegen herabfallende Gegenstände.

Sicherheitseinrichtung   **MRL**

Ist überall da notwendig, wo Gefahren für Mensch, Maschinen und Umwelt auftreten können.

Sicherheitskombination   *Auswerteeinheit*

Alter Begriff für Sicherheitsschaltgerät oder Auswerteeinheit.

Sicherheitsschaltgerät   *Auswerteeinheit*   **DIN EN ISO 13849-1**

Neuer Begriff für Sicherheitskombination oder Auswerteeinheit.

Eine sicherheitsgerichtete Auswerteeinheit erzeugt, abhängig vom Zustand angeschlossener Signalgeber, entweder nach einer festen Zuordnung oder nach programmierten Anweisungen ein sicherheitsgerichtetes Ausgangssignal.

Sicher Verlegen (geschützt)	*Sichere Trennung*	**DIN EN 60204-1 (VDE 0113-1)**

Basisolierte Leiter nicht auf scharfe Kanten oder z. B. in Stahlrohr verlegen (Schutzklasse 2): dient dem Fehlerausschluss.

SIL (Safety Integrity Level) SILCL (claim limit)	*PFD, PFH, Safety Performance*	**DIN EN 61508 (VDE 0803), DIN EN 62061 (VDE 0113-50)**

Das Zielmaß der Versagenswahrscheinlichkeit für die Ausführung der risikoreduzierenden Funktionen.

SILCL ist das max. zu erreichende Zielmaß bei der Bestimmung z. B. durch die DIN EN 62061 (**VDE 0113-50**).

Standard Positionsschalter	*Zuhaltung, getrennter Betätiger*	**EN 50041, EN 50047**

Die Bauformen der Standard-Positionsschalter sind in klein (EN 50047) und groß (EN 50041) aufgeteilt.

Start (manuell, überwacht oder automatisch)	*Tasterüberwachung*	**DIN EN ISO 13850, DIN EN 60204-1 (VDE 0113-1)**

Ein Sicherheitsschaltgerät kann manuell, überwacht oder automatisch gestartet werden.

Bei einem manuellen oder überwachten Start wird durch das Betätigen des Ein- oder Reset-Tasters, nach Prüfung des Eingangsabbilds und nach positivem Test des Sicherheitsschaltgeräts, ein Freigabesignal erzeugt.

Diese Funktion wird auch als *statischer Betrieb* bezeichnet und ist für Not-Halt-Einrichtungen vorgeschrieben (DIN EN 60204-1 (**VDE 0113-1**), bewusste Handlung).

Der überwachte Start wertet einen Signalwechsel des Ein-Tasters aus. Somit kann die Bedienung des Ein-Tasters nicht überlistet werden.

Bei einem automatischen Start wird ohne manuelle Zustimmung, aber nach Prüfung des Eingangsabbilds und positivem Test des Sicherheitsschaltgeräts ein Freigabesignal erzeugt. Diese Funktion wird auch als *dynamischer Betrieb* bezeichnet und ist für Not-Halt-Einrichtungen unzulässig.

Nicht begehbare trennende Schutzeinrichtungen arbeiten mit dem automatischen Start.

Stellungsüberwachung *Positionsschalter*

Stellungsüberwachung ist die Überwachung der Position einer Schutzeinrichtung, z. B. einer Schutztür, mithilfe dafür geeigneter Signalgeber und Sicherheitsschaltgeräte.

Stillsetzen im Notfall *Not-Halt, Ausschalten im* **DIN EN ISO 13850,**
                           Notfall, Stoppfunktion   **DIN EN 60204-1**
                                                          (VDE 0113-1), Anhang D

Eine Handlung im Notfall, die dazu bestimmt ist, einen Prozess oder eine Bewegung anzuhalten, der (die) Gefahren bringen würde.

Das Stillsetzen im Notfall muss entweder als ein Stopp der Kategorie 0 oder 1 wirken. Die Kategorie für das Stillsetzen im Notfall muss anhand der Risikobeurteilung für die Maschine festgelegt werden.

Stillstandsüberwachung *Stoppfunktion,*   **DIN EN ISO 13850,**
                             sichere reduzierte   **DIN EN 60204-1**
                             Geschwindigkeit, sicheres **(VDE 0113-1)**
                             Stillsetzen

Geberlose oder geberbehaftete Überwachung einer Antriebsfunktion mit einer definierten Drehzahl:

dies entspricht einer Drehzahlüberwachung mit $n = 0$ min^{-1}.

Stoppfunktion *Ausschalten im Notfall,* **DIN EN ISO 13850,**
                   Stillsetzen im Notfall   **DIN EN 60204-1**
                                                (VDE 0113-1)

Stopp-Kategorie 0

Ungesteuertes Stillsetzen durch sofortiges Abschalten der Energie zu den Maschinenantriebselementen.

Stopp-Kategorie 1

Gesteuertes Stillsetzen, bei dem die Energiezufuhr erst dann unterbrochen wird, wenn der Stillstand erreicht ist.

Stopp-Kategorie 2

Gesteuertes Stillsetzen, bei dem die Energiezufuhr im Stillstand erhalten bleibt.

Subsystem   *PFH*   **DIN EN 61508**
(de: Teilsystem)   **(VDE 0803),**
                                       DIN EN 62061
                                       (VDE 0113-50)

Einheit, bestehend aus einem oder mehreren Elementen, die ein in sich geschlossenes Sicherheitssystem darstellt, z. B. eine Auswerteeinheit oder zwei Positionsschalter.

Synchron- überwachungszeit	*Zweihandschaltung, Diskrepanzzeit- überwachung, ASIsafe*	**DIN EN ISO 13851**

Ist die Zeit, in der eine gleichzeitige Betätigung erfolgen muss, um ein sicheres Ausgangssignal zu erzeugen (in der Regel < 0,5 s).

Tasterüberwachung	*Start, überwachter Start*	**DIN EN ISO 13849-1**

Die Funktion des Tasters wird durch einen dynamischen Signalwechsel beim Betätigen des Tasters überwacht.

Anmerkung: Dadurch wird beispielsweise ein Einschalten der Anlage verhindert, das durch einen kurzgeschlossenen Taster (z. B. durch Manipulation) verursacht würde.

Teilsystem **(en: Subsystem)**		**DIN EN 62061** **(VDE 0113-50)**

Einheit, bestehend aus einem oder mehreren Elementen (Teilsystemelementen), die ein in sich geschlossenes Sicherheitssystem darstellt, z. B. eine Auswerteeinheit oder zwei Positionsschalter. Ein Teilsystem der DIN EN 62061 (**VDE 0113-50**) entspricht einem SRP/CS der DIN EN ISO 13849-1.

Testung	*Querschluss*	**DIN EN ISO 13849-1**

Testpuls mit entsprechender Dunkelzeit zur Fehleraufdeckung.

Trennende **Schutzeinrichtung**	*Positionsschalter*	**DIN EN ISO 12100,** **DIN EN 953**

Schutzeinrichtung oder der Teil der Maschine, der speziell als körperliche Sperre zum Schutz vor Gefährdung eingesetzt wird.

Anmerkung: Sie kann, je nach Bauart, durch Schutzgitter, Schutztür, Gehäuse, Abdeckung, Verkleidung, Verdeckung, Umzäunung, Schirm usw. realisiert werden.

Typ-A-Norm, **Typ-B-Norm,** **Typ-C-Norm**	*A-Norm B-Norm C-Norm,* MRL *harmonisierte Norm,* *Vermutungswirkung*	

Sind in der Maschinenrichtlinie gelistet und sind somit harmonisiert.

Überwachter Start	*Start*	**DIN EN ISO 13850,** **DIN EN 60204-1** **(VDE 0113-1)**

Statischer Betrieb: für eine Not-Halt-Einrichtung zulässig, ein Muss bei Kategorie 4 nach DIN EN ISO 13849-1.

Vermutungswirkung	*MRL,*	
	Typ-A-, -B-, -C-Normen	

Mit Erfüllung der gelisteten, harmonisierten Normen (in der Maschinenrichtlinie) kann vermutet werden, dass die Maschinenrichtlinie erfüllt wurde.

Verriegelungs- einrichtungen	*Schutzeinrichtung,* *Positionsschalter,* *Zuhaltung*	**DIN EN ISO 14119**

Ist eine mechanische, elektrische oder andere Verriegelungseinrichtung, deren Zweck es ist, den Betrieb eines Maschinenelements unter bestimmten Bedingungen zu verhindern (üblicherweise, solange eine trennende Schutzeinrichtung nicht geschlossen ist).

Wiederanlaufsperre	*Start, überwachter Start*	**DIN EN ISO 13850,** **DIN EN 60204-1** **(VDE 0113-1)**

Durch die Wiederanlaufsperre wird die Freigabe der Auswerteeinheit nach einem Abschalten, nach einer Änderung der Betriebsart der Maschine oder nach einem Wechsel der Betätigungsart verhindert. Die Wiederanlaufsperre wird erst durch einen externen Befehl (z. B. Ein-Taster) aufgehoben.

Wiederbereitschaftszeit	*Sicherheitsschaltgerät*	**DIN EN ISO 13849-1**

Die minimal notwendige Zeit, um das Gerät neu zu starten, nachdem das Steuerkommando oder die Versorgungsspannung unterbrochen wurde.

Zuhaltung	*Positionsschalter*	**DIN EN ISO 14119**

Ziel einer Zuhaltungseinrichtung ist es, eine trennende Schutzeinrichtung in der geschlossenen Position zu halten, und die außerdem so mit der Steuerung verbunden ist, dass die Maschine nicht anlaufen kann, wenn die Schutzeinrichtung nicht geschlossen und zugehalten ist, und die trennende Schutzeinrichtung so lange zugehalten bleibt, bis das Verletzungsrisiko aufgehoben ist.

Anmerkung: Die Ansteuerung der Zuhaltung muss bis Kategorie 3 nach DIN EN 13849-1 nicht sicher erfolgen, bei Kategorie 4 nach DIN EN ISO 13849-1 muss diese jedoch immer sicher sein. Die Stellungsüberwachung der Verriegelungseinrichtung (Magnet) muss ab Kategorie 3 nach DIN EN ISO 13849-1 einzeln erfolgen, nicht in Reihe geschaltet mit der Überwachung des getrennten Betätigers (wegen mangelnder Fehleraufdeckung).

Zustimmungsschalter *Auswerteeinheit*

Ein Zustimmungsschalter ist ein manuell betätigter Signalgeber, mit der die Schutzwirkung von Schutzeinrichtungen bei Betätigung des Signalgebers aufgehoben werden kann. Mit dem Zustimmschalter allein dürfen keine Gefahren bringenden Zustände eingeleitet werden, dafür ist ein „zweiter, bewusster" Startbefehl erforderlich.

| **Zwangsgeführte Kontakte** | *Aktor, Relais* | **DIN EN 50205** (**VDE 0435-2022**), **DIN EN 60947** (**VDE 0660-100**) |

Bei zwangsgeführten Kontakten eines Relais/Schütz dürfen Öffner und Schließer über die Lebensdauer niemals gleichzeitig geschlossen sein. Dies gilt auch für den fehlerhaften Zustand der Relais/Schütze. Beispiel: Ist ein Schließer verschweißt, so bleiben alle anderen Öffnerkontakte des betroffenen Relais/Schütz geöffnet, egal, ob das Relais/Schütz erregt wird oder nicht.

| **Zwangsöffnung** ⊖→ | *Positionsschalter, Not-Halt-Taster* | **DIN EN 60204-1** (**VDE 0113-1**), **DIN EN 60947-5-1** (**VDE 0660-200**) |

Ist eine Ausführung einer Kontakttrennung als direktes Ergebnis einer festgelegten Bewegung des Bedienteils des Schalters über nicht federnde Teile. Für die elektrische Ausrüstung von Maschinen wird die gesicherte Öffnung von Öffnerkontakten in allen Sicherheitskreisen ausdrücklich vorgeschrieben.

Anmerkung: Die Zwangsöffnung ist nach DIN EN 60947-5-1 (VDE 0660-200) durch das Zeichen (Pfeil im Kreis) signalisiert (Personenschutzfunktion).

| **Zweifehlersicherheit** | *Kategorie, SIL, Einfehlersicherheit* | **DIN EN ISO 13849-1, DIN EN 62061** (**VDE 0113-50**) |

Bedeutet, dass auch nach Auftreten **zweier** Fehler die vereinbarte sichere Funktion gewährleistet ist.

Zweihandschaltung *Synchronüberwachungs-* DIN EN ISO 13851
                        zeit

Eine Einrichtung, die mindestens die gleichzeitige Betätigung (in der Regel < 0,5 s) durch beide Hände erfordert, um den Betrieb einer Maschine einzuleiten und aufrechtzuerhalten, solange eine Gefährdung besteht, um auf diese Weise eine Maßnahme zum Schutz nur der betätigenden Person zu erreichen.

Anmerkung: Zum Auslösen des gefährlichen Arbeitsgangs müssen die beiden Bedienteile (Zweihandtaster) gleichzeitig betätigt werden. Bei Loslassen auch nur eines der beiden Bedienteile während der gefährlichen Bewegung wird die Freigabe aufgehoben. Die Fortsetzung des gefährlichen Arbeitsgangs kann erst wieder eingeleitet werden, wenn beide Bedienteile in ihre Ausgangslage zurückgekehrt sind und erneut betätigt werden.

Zweihandbedienpult *Synchronüberwachungs-* DIN EN ISO 13851
                         zeit, Zweihandschaltung

Ein Gerät zur Realisierung der Zweihandschaltung.

Zweikanaligkeit *Redundanz, Kategorien* DIN EN ISO 13849-1

Abkürzungen

ArbSchG	Arbeitsschutzgesetz
ATEX	„ATmosphère EXplosible", Synonym für die ATEX-Leitlinien der Europäischen Union
B_{10D}	Anzahl der Schaltspiele, die bis 10 % der getesteten Geräte gefährlich ausgefallen sind
BetrSichV	Betriebssicherheitsverordnung
BGBl.	Bundesgesetzblatt
CNC	Computer Numeric Control
DC	Diagnosedeckungsgrad
EleG	Elektrizitätsgesetz (Schweiz)
EMV	Elektromagnetische Verträglichkeit
EMVG	Gesetz über die elektromagnetische Verträglichkeit von Betriebsmitteln
EMVV	Elektromagnetische Verträglichkeitsverordnung (Österreich)
ExSV	Explosionsschutzverordnung (Österreich)
MSV	Maschinen-Sicherheitsverordnung (Österreich)
MaschV	Maschinenverordnung (Schweiz)
$MTTF_D$	Mittlere Zeit bis zum Ausfall
NC	Numeric Control
NEV	Verordnung über elektrische Niederspannungserzeugnisse (Schweiz)
NSpGV	Niederspannungsgeräteverordnung (Österreich)
PFH_D	Wahrscheinlichkeit eines Gefahr bringenden Ausfalls pro Stunde
PL	Performance Level
ProdSG	Produktsicherheitsgesetz
ProdSV	Verordnung zum Produktsicherheitsgesetz
RDF	Anteil Gefahr bringender Ausfälle
SFF	Anteil sicherer Ausfälle
SIL	Sicherheitsintegritätslevel
SRECS	sicherheitsbezogenes elektrisches Steuerungssystem
SRP/CS	Safety-Related Parts of a Control System
STEG	Gesetz über die Sicherheit von technischen Einrichtungen und Geräten (Schweiz)
VDMA	Verband Deutscher Maschinen- und Anlagenbau e. V.

VEMV	Verordnung über die elektromagnetische Verträglichkeit
VGSEB	Verordnung über Geräte und Schutzsysteme zur Verwendung in explosionsgefährdeten Bereichen

Stichwortverzeichnis

A
Architekturen 80
Ausfall 29

B
Betreiber 11
BGV A3. *Siehe* DGUV-Vorschrift 3

C
CE-Einbauerklärung 21
CE-Kennzeichnung 9, 10
CE-Konformitätserklärung 21

E
elektromagnetische Verträglichkeit 11, 14
EN 954-1 54, 56, 63
erreichbarer PL 54
– SIL 54

F
Fehlertoleranz der Hardware 54
Funktion 29
Funktionale Anforderungen 60
– Sicherheit 48, 51, 53

G
geforderter PL 57
– SIL 58
Geräte-Typen des VDMA-Einheitsblatts 66413 71

H
harmonisierte Normen 9, 15
Hersteller 9

I
informativ 59

K
Kategorien 54

M
Maschine 10
Maschinenrichtlinie 11, 13, 43

N
Niederspannungsrichtlinie 11, 14
Not-Halt 36

P
Plan der funktionalen Sicherheit 55
Produkt 10

R
RAPEX 57
RDF 75
Risiko 29
Risikobeurteilung 19
Risikograph 57
Risikominderung 50

S
Schaltschrank 43, 44
Sicherheitsbauteil 38, 40, 41, 43, 45, 46
Sicherheitsfunktion 27, 31, 33, 49, 65, 69
Sicherheitsintegrität 60, 62
– der Hardware 66
Spezifikation 59
strukturelle Einschränkungen 66
Systematische Integrität 61
systematischer Fehler 62

T
Typ-A-Normen 16
Typ-B-Normen 16
Typ-C-Normen 16

V
Validierung 67
Validierungsplan 56
VDMA-Einheitsblatt 52, 70
Vermutungswirkung 9

X
XML 76

VDE VERLAG

Technik. Wissen.
Weiterwissen.

NEU

Patrick Gehlen

VDE-Schriftenreihe
Normen verständlich **167**

Sicherheit von Maschinen und Funktionale Sicherheit

DIN EN ISO 13849-1:2015 mit den Erläuterungen zur DIN EN 62061/VDE 0113-50:2015 verstehen

Bezugnahme auf europäische Richtlinien und Risikobeurteilungen

Bewertungen zahlreicher Sicherheitsfunktionen aus der Praxis

Technikwissen anwenden:

Funktionale Sicherheit und Maschinensicherheit leicht verständlich

Patrick Gehlen beschreibt die normativen Anforderungen der Funktionalen Sicherheit im Kontext der Maschinenrichtlinie sowie den praktischen Umgang mit der Funktionalen Sicherheit.

2016
400 Seiten
36,– € (Buch/E-Book)
50,40 € (Kombi)

Preisänderungen und Irrtümer vorbehalten. Das Kombiangebot bestehend aus E-Book und Buch ist ausschließlich auf **www.vde-verlag.de** erhältlich.
Diese Bücher können Sie auch in Ihrem Onlineportal für DIN-VDE-Normen, der Normenbibliothek, erwerben.

Bestellen Sie jetzt: (030) 34 80 01-222 oder www.vde-verlag.de/160841

VDE

VERLAG

Technik. Wissen.
Weiterwissen.

Gehlen · Rudnik

Not-Halt oder Not-Aus?

Eine Erläuterung unter Berücksichtigung von DIN EN 60204-1 (VDE 0113-1) und DIN EN ISO 13850

154

VDE-Schriftenreihe – Normen verständlich

Technikwissen anwenden:
Darstellung der Schutzfunktionen Not-Halt und Not-Aus

Das Fachbuch erläutert die Unterschiede der Schutzfunktionen und deren richtige Anwendung. Gleichzeitig vertieft es beim Leser das Verständnis für Not-Halt- bzw. Not-Aus-Bediengeräte.

2015. 147 Seiten
28,– € **(Buch/E-Book)**
39,20 € **(Kombi)**
ISBN 978-3-8007-3649-2

Preisänderungen und Irrtümer vorbehalten. Das Kombiangebot bestehend aus E-Book und Buch ist ausschließlich auf www.vde-verlag.de erhältlich.

e-Book

Diese Bücher können Sie auch in Ihrem Onlineportal für DIN-VDE-Normen, der Normenbibliothek, erwerben.

Bestellen Sie jetzt: (030) 34 80 01-222 oder www.vde-verlag.de/160441

Seminare im VDE VERLAG:

Wissenstransfer und Networking auf höchstem Niveau!

- ▶ Vermittlung neuester Erkenntnisse und Technologien
- ▶ Von Techniktrends über Normungs- und Sicherheitsthemen bis zu Management und Recht
- ▶ Zukunftsorientierte Weiterbildungskonzepte und -formate: Seminare, Virtuelle Seminare und Inhouse-Seminare
- ▶ Mit Referenten aus Normungsgremien, Handwerk, Industrie und Wissenschaft

Aktuelle Seminare im Überblick: www.vde-verlag.de/seminare

VDE VERLAG

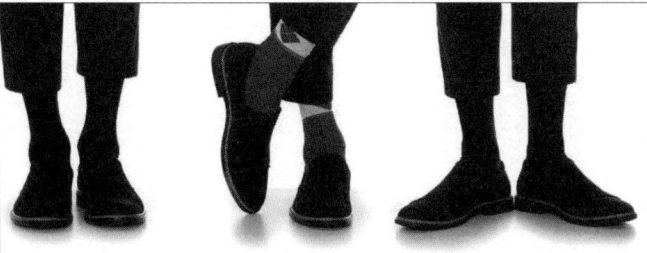

Technik. Wissen. Weiterwissen.

136 Jahre Mediaerfahrung.
Das macht den Unterschied.

Quelle: © Andrey Burmakin - Fotolia.com
Werb-Nr. 150182

Fachinformationen aus der Welt der Elektrotechnik und Automation:

Produktberichte, Fachbeiträge und Branchenmeldungen.
Effektiv und praxisbezogen für Ihre tägliche Arbeit.

www.vde-verlag.de/zeitschriften